听专家田间讲课

CAITUBAN
GUALEI SHUCAI
BINGCHONGHAI
LVSE
FANGKONG

彩图版 瓜类蔬菜
病虫害绿色防控

王 颖　曹进军　杜开书　李 杰　吕文彦　主编

中国农业出版社

出版说明

保障国家粮食安全和实现农业现代化，最终还是要靠农民掌握科学技术的能力和水平。为了提高我国农民的科技水平和生产技能，向农民讲解最基本、最实用、最可操作、最适合农民文化程度、最易于农民掌握的种植业科学知识和技术方法，解决农民在生产中遇到的技术难题，中国农业出版社编辑出版了这套“听专家田间讲课”丛书。

把课堂从教室搬到田间，不是我们的最终目的，我们只是想架起专家与农民之间知识和技术传播的桥梁；也许明天会有越来越多的我们的读者走进校园，在教室里聆听教授讲课，接受更系统、更专业的农业生产知识与技术，但是“田间课堂”所讲授的内容，可能会给读者留下些许有用的启示。因为，她更像是一张张贴在村口和地头的明白纸，让你一看就懂，一学就会。

本套丛书选取粮食作物、经济作物、蔬菜和果树等作物种类，一本书讲解一种作物或一种技能。作者站在生产者的角度，结合自己教学、培训和技术推广的实践经验，一方面针对农业生产的现实意义介绍高产栽培方法和标准化生产技术，另一方面考虑到农民种田收入不高的实际问题，提出提高生产效益的有效方法。同时，为了便于读者阅读和掌握书中讲解的内容，我们采取了两种出版形式，一种是图文对照的彩图版图书，另一种是以文字为主、插图为辅的袖珍版口袋书，力求满足从事农业生产和一线技术推广的广大从业者多方面的需求。

期待更多的农民朋友走进我们的田间课堂。

前言

中国的瓜类蔬菜品种很多，主要的有黄瓜、西瓜、甜瓜、苦瓜、冬瓜、南瓜、瓠瓜、丝瓜、西葫芦等。而随着全国各地调整农业产业结构，瓜类生产也呈现出良好的发展势头，瓜类蔬菜病虫害可造成严重的损失，进而影响产量，减少农民收入，也极大地挫伤了瓜农生产积极性。

传统的农作物病虫害防治措施既不符合现代农业的发展要求，也不能满足农业标准化生产的需要。随着绿色农业的飞速发展，绿色防控理念已受到人们的密切关注。大规模推广农作物病虫害绿色防控技术，可以有效解决农作物标准化生产过程中的病虫害防治难题，显著降低化学农药的使用量，避免农产品中的农药残留超标，提升农产品质量安全水平，增加市场竞争力，促进农民增产增收。

瓜类病虫害种类繁多，发生规律复杂，为了提升广大瓜农及农技人员对病虫害的快速识别和防治技术，我们以图文并茂的形式编写了这本病虫害高效防控技术手册。

全书分为绿色防控技术、病害识别与防控、虫害识别与防控三大部分，先后介绍了病虫害40种，其中病害21种、虫害19种。书中精选了病害、虫害及田间操作照片近150幅，大部分为作者多年来的积累，更有许多照片属于可遇不可求的精品。文字部分内容力求通俗易懂，便于操作。本书的亮点是每种病虫害防治加入了预测预报和防治适期，让防治病虫更加有效。

病虫害化学防治的农药品种，是以2012年中华人民共和国卫生部和农业部联合发布的《食品安全国家标准 食品中农药最大残留限量》(GB 2762—2012) 的要求为参考。所涉及农药的推荐使用浓度和使用量，可能会因为品种、栽培方式、生长周期及所在地的生态环境条件而有一定的差异。因此，在实际使用过程中，以所购买农药产品的使用说明书为准，或在当地技术人员的指导下使用。

受作者实践经验及专业技术水平的限制，书中遗漏之处在所难免，恳请有关专家、同行、广大读者不吝指正。

编 者

2017年6月

目录

第一章 瓜类蔬菜病虫害绿色防控技术

绿色防控是指在作物目标产量效益范围内，通过优化集成生物、生态、物理等防治技术并限量使用化学农药，达到安全控制有害生物的行为过程。

绿色防控主要以安全为核心，兼顾产量效益和生态保护。实施绿色防控应坚持“五项原则”：①安全性原则：农残不超标、水源不污染、人畜禽蚕不中毒等。②可操作性原则：技术先进但流程不复杂。③农药替代原则：优先选择非化学措施。④经济有效性原则：投入与效益协调。⑤可持续控害原则：保持生态调控能力。

推进瓜类蔬菜绿色防控是贯彻“预防为主、综合防治”的植保方针，实施“绿色植保”战略的重要举措。瓜类蔬菜病虫害绿色防控技术的核心是通过生态调控、物理防治、生物防治和科学化防等环境友好型措施控制病虫害。通过推广绿色防控技术，不仅有助于保护生物多样性，降低病虫害暴发概率，实现病虫害的可持续控制，而且能有效地降低农药使用风险、保护生态环境，促进蔬菜生产的可持续发展和产品质量的提高。

一、生态调控技术

生态调控技术是在研究农业生态系统组成、功能和价值的基础上，人为调控农田生态环境，达到有利于有益生物增长不利于有害生物发展生态的目的。采取推广选育抗病虫品种，培育健康种苗，优化栽培、管理措施，并结合菜园生态工程、间作套种、天敌诱集带等生物多样性调控与自然天敌保护利用等技术，来优化瓜类蔬菜生长发育环境条件，促进瓜类蔬菜健壮生长，提高瓜类蔬菜抗逆性；改造病虫害繁殖、传播的环境条件，人为增强自然控害能力和作物抗病虫能力，控制病虫害孳生、扩散蔓延。

1.轮作倒茬

通过不同作物轮作，改变病虫害生存环境，破坏有害生物与蔬菜的伴生关系，减少或阻断土壤中的单食性、寡食性有害生物的食物来源，从而阻断土壤、病残体中残留的有害生物的循环侵染。如瓜类蔬菜与葱、蒜、芹菜、甘蓝等轮作，可减轻猝倒病、立枯病、枯萎病、溃疡病、青枯病、疫病和各种线虫病等土传病害。

常见的几种瓜类蔬菜轮作方式及特点：

黄瓜：春黄瓜前茬多为秋菜或春小菜及越冬小菜，后茬适种多种秋菜、夏秋黄瓜前茬适合各种春夏菜，后茬适合越冬菜或春小菜。黄瓜与番茄相互抑制，不宜轮作和套种。

甜瓜：忌连作。忌与其他瓜类或老菜园接茬。瓜以叶菜类为前后茬最好，后茬叶菜可明显增产。

冬瓜：冬瓜株间种姜5～6株，畦的一边种葛，另一头种芋头。4～5月后在韭菜畦中套种冬瓜或辣椒、茄子套种冬瓜，番茄套种冬瓜，冬瓜架下套种球茎茴香、莴笋、结球甘蓝和小叶菜；在山地，冬瓜套种姜。

西瓜：轮作5～8年及以上。轮作作物有：小麦、水稻、玉米、萝卜、甘薯和绿肥。

2. 选用抗病虫健康品种、培育壮苗

根据当地生产中病虫害发生情况，针对性地选用抗性强的优良品种，充分应用蔬菜自身良好的抗病性、抗逆性抑制病虫为害。如选用抗甜瓜霜霉病的西甜208；抗霜霉病、枯萎病的黄瓜品种中农7号、津春4号；黑籽南瓜或南砧1号做砧木嫁接黄瓜可有效防控枯萎病，减轻疫病的发生。

选择粒大、饱满的种子和营养充足的土壤或基质育苗，精作苗床、精细播种，加强水肥气热光调控、病虫害防治，适时蹲苗炼苗。选择茎节粗短、根系发达、无病虫为害、均匀一致、叶片大而厚、叶色浓绿的壮苗定植。

通过温水、药剂等方法处理种子，培育健康苗株。例如，采用 55℃温水处理种子 10～15 分钟，或用 50%多菌灵可湿性粉剂拌种，可以防治种子带菌的枯萎病、炭疽病等病害。采用无病土作营养土育苗，定植时施用腐熟的有机肥和微生物菌肥，可减轻枯萎病、猝倒病发生，育苗、定植时及时拔除、严格淘汰病株。

3. 合理灌溉、平衡施肥

根据瓜类蔬菜需肥规律、土壤养分状况、肥料效应，确定使用肥料的种类、时期、数量、方法，平衡供应大、中、微量元素。重施有机肥、轻施化肥，使用充分腐熟的有机肥。追肥要遵循“少食多餐”的原则，集中穴施。严禁大水漫灌，采用垄作沟灌、垄膜沟灌、膜下暗灌、膜下滴灌、微喷灌等栽培灌溉技术，雨后及时排水降渍。

4. 清园控害

及时清理农业生产废弃物，消除病（虫）源，改善田园生态环境。例如：在播种、定植前彻底清除前茬作物的残枝败叶（图1-1）及田埂、沟渠、地边杂草；在生产过程中应及时拔除受害严重的植株，摘除被病虫为害严重的叶片、果实，清理田园中的农药瓶、肥料袋、废旧农膜等农业生产垃圾。

图1-1　清除前茬作物残枝中的虫源

5. 高温闷棚

高温闷棚就是创造一个短期的高温条件，可抑制病虫害的发生和危害。例如：当黄瓜霜霉病已经发生蔓延时，可进行高温灭菌处理，一般在中午密闭大棚2小时，使植株上部温度达到44～46℃，不要超过48℃，可杀死棚内的霜霉菌，每隔7天进行1次，2～3次后，可基本控制病情的发展。

二、生物防治技术

生物防治技术主要是利用生物及生物产物抑制病原物的生存和繁殖，防治病虫害。重点应用以虫治虫、以螨治螨、以菌治虫、以菌治菌等生物防治方法，重视开发应用植物源农药、植物诱抗剂等生物生化制剂。

1. 植物制剂的应用

充分利用某些植物制剂对某些病虫的独特杀灭能力控制病虫害。如菜青虫、菜螟、蚜虫、红蜘蛛为害时，将新鲜丝瓜或黄瓜

蔓捣烂，加10～15倍水搅拌均匀，取其滤液喷雾，防效可达85%以上；摘取新鲜多汁的苦瓜叶，加少量水捣烂后滤出汁液，加等量石灰水，调匀后浇灌幼苗根部，对杀灭地老虎有特效。大葱加水捣烂后滤出汁液，每千克原液加水6千克，搅匀后喷雾，对蚜虫、菜青虫、螟虫等多种害虫均有良好的防治效果。此外，辣椒、大蒜、韭菜、蓖麻叶、烟草等植物制剂对不同的害虫均能收到较好的防治效果。

2. 昆虫生长调节剂的应用

昆虫生长调节剂能有效地阻碍或干扰害虫生长发育、繁殖。这类杀虫剂包括保幼激素、抗保幼激素、蜕皮激素和几丁质合成抑制剂等。目前，商品化的制剂有除虫脲、灭幼脲、氟虫脲、虫酰肼等。如在鳞翅目、鞘翅目、双翅目、半翅目多种害虫的卵期或低龄幼虫期喷洒除虫脲可抑制几丁质合成，阻碍害虫新表皮形成；喷洒双氧威（苯氧威）能抑制鳞翅目幼虫蜕皮、成虫羽化；喷施棉铃虫性引诱剂可干扰棉铃虫交尾，降低田间产卵量。

3. 天敌昆虫的应用

利用害虫的捕食性天敌和寄生性天敌防治害虫。目前，商品化应用的天敌产品有瓢虫、寄生蜂和捕食螨等（图1-2和图1-3）。在使用时，应提前清洁田园为天敌在田间的生长繁殖营造一个好的外部环境，还要把握好释放时间、释放数量、释放方法以及相关的注意事项等。如保护七星瓢虫、草蛉（图1-4）、小花蝽可有效控制蚜虫、红蜘蛛数量；大棚温室瓜类蔬菜初见蚜虫为害时，

图1-2　赤眼蜂卵卡

图1-3　捕食螨

图1-4　草　蛉

每平方米棚室内放烟蚜茧蜂寄生的僵蚜12头，4天1次，共放7次，瓜菜有蚜率可控制在15%以下；保护地内瓜菜白粉虱为害时，每平方米棚室内放丽蚜小蜂黑蛹15头，10天1次，连放3次，白粉虱若虫寄生率可达75%以上；大棚温室瓜类蔬菜受棉铃虫、菜青虫、小菜蛾为害时，每平方米棚室内放广赤眼蜂15头，5～7天1次，连放3～4次，害虫寄生率可达80%。注意运输工具的使用以及保存条件，避免在大风、暴雨等天气释放天敌，释放天敌后应少打或不打药。

4.微生物杀虫（菌）剂的应用

利用细菌、病毒、抗生素等防治瓜类蔬菜病虫害。商品化的制剂有苏云金杆菌（Bt）、白僵菌、绿僵菌以及多种核型多角体病毒等（图1-5和图1-6）。在使用时，应把握好使用方法、使用时间以及使用剂量，才能达到良好的防治效果。可用天然除虫菊素、苏云金杆菌、白僵菌、阿维菌素、烟碱、苦参碱等防治蚜虫、叶螨、斑潜蝇和夜蛾类害虫；用绿僵菌、苦皮藤素防治蝗虫；用座

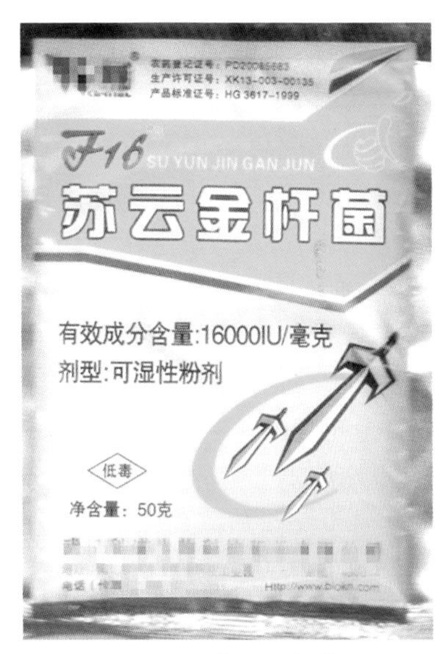

图1-5　苏云金杆菌

图1-6　核型多角体病毒

壳孢菌剂防治白粉虱；用核型多角体病毒、颗粒体病毒防治菜青虫、斜纹夜蛾、棉铃虫；用浏阳霉素触杀螨类；用链霉素、新植霉素防治瓜类角斑病等多种细菌性病害；用武夷菌素防治瓜类白粉病、黄瓜黑星病；用农抗120灌根防治瓜类枯萎病。

三、理化诱控技术

理化诱控技术指利用害虫的趋光、趋化性，通过布设灯光、色板、昆虫信息素等诱集并消灭的控害技术。重点应用昆虫性信息素（性诱剂、聚集素等）、杀虫灯、诱虫板（黄板、蓝板）防治瓜类蔬菜害虫。积极开发和应用植物诱控、食饵诱杀、防虫网阻隔和银灰膜驱避害虫等理化诱控技术。

1.诱杀技术

利用害虫对光、波、色板、性诱剂、诱饵等的趋性将害虫诱到一处，集中杀灭。

（1）*灯光诱杀*。用白炽灯、高压汞灯、黑光灯、频振式杀虫灯等诱杀成虫，降低田间落卵量，压低害虫基数。黑光灯诱杀主要针对夜蛾科的重要种类以及蝼蛄、金龟子等。杀虫灯的应用以作物的生长季节等情况确定。每天的开灯时间以晚上7:00到次日早晨6:00为宜。特殊情况下，开灯时间可作适当调整。杀虫灯使用应集中连片。已有的应用研究表明：露地贴地矮秆作物，挂灯高度一般在65～75厘米，不要超过80厘米。设施栽培棚架作物如黄瓜等，挂灯高度一般约为100厘米，不宜超过120厘米。另外，应及时做好高压触杀网、接虫袋等的维护。

（2）*色板、色膜的驱避和诱杀*。利用害虫的趋色性进行诱杀。黄板和蓝板防治小型昆虫已经成为设施栽培主要病虫害综合防治的有效辅助手段之一。如用黄板可诱杀蚜虫、白粉虱、斑潜蝇等；用蓝板可诱杀蓟马、种蝇。在设施栽培中色板与防虫网结合使用效果更好，但一定要在虫害发生早期，虫量发生少时使用，一般每667米^{2}放置20～30片(每片面积25厘米×40厘米)。另外，用

银灰色塑料膜覆盖或田间挂条，纵拉成V形，可驱避蚜虫，以防其迁飞传毒（图1-7）。

图1-7 黄板诱杀

（3）食物诱杀。利用害虫对食物气味的趋性，在田间投放食物进行诱杀。如在菜苗根部撒施炒香后拌入辛硫磷的豆饼粉可诱杀地老虎。

（4）糖醋液诱杀。糖醋液一般是1份红糖、4份白醋、1份白酒和16份清水，倒在一起，充分混匀后即可使用。将配好的糖醋液放置在水盆或水瓶内，以占水盆或水瓶体积的1/2为宜。同时要现配现用，以免降低气味浓度而影响诱杀效果。使用量以每亩5～6盆，悬挂高度应根据防治栽培作物进行适当调整。根据天气状况适时添加糖醋液，以保持稳定的糖醋液量。害虫为害季节气温较高，蒸腾量大，应及时添加糖醋液和清理虫尸。通过改变诱捕盆颜色，加大容器口径等均能收到较好的诱捕效果。另外，糖醋液经常搭配性诱剂一起使用。

（5）性诱剂诱杀。利用昆虫的性外激素诱杀同种雄性昆虫或使其迷向，不能正常交尾。常见的商品化产品有诱芯和迷向丝两种。性诱剂防治对靶标的专一性和选择性高，每一种性诱剂只针对一种害虫。目前应用效果较好的有诱集小地老虎、斜纹夜蛾、甜菜夜蛾、小菜蛾的性诱剂诱芯，应根据作物和害虫发生种类正确选择使用。诱芯是性诱剂的载体，必须选择好的诱芯才能使性诱剂分布均匀、释放稳定且时间长。使用时要根据诱芯产品性能及天气状况适时更换，以保证诱杀的效果，每根诱芯一般可使用30～40天。诱捕器（图1-8）可挂在竹竿或木棍上，固定牢，高度应根据防治对象和栽培作物进行适当调整，太高、太低都会影响诱杀的效果。同时，挂置地点以上风口处为宜。诱捕器的设置密度要根据害虫种类、虫口基数、使用成本和使用方法等因素综合考虑。使用方法是在害虫羽化期，每667米^{2}菜地挂置盛有洗衣粉或杀虫剂水溶液或糖醋液的水盆3～4个，在水面上方1～2厘米处悬挂昆虫性诱剂诱芯。另外，科学管理

图1-8　诱捕器

可以大大提高性诱剂的防治效果，主要包括：及时清理诱捕器中的死虫，并进行深埋；适时更换诱芯，既能确保诱杀效果又能保证诱芯发挥最大效能；使用完毕后，要对诱捕器进行清洗，晾干后妥善保管。此外，性诱剂使用应集中连片，这样可以更好地发挥作用。

2. 阻隔技术

覆盖防虫网、遮阳网、塑料薄膜，进行避雨、遮阴、防虫隔离栽培，阻断病虫害传播路径。蔬菜栽培中覆盖防虫网基本能免除菜青虫、小菜蛾、甘蓝夜蛾、甜菜夜蛾、棉铃虫、蚜虫、斑潜蝇等多种害虫的为害；大棚、温室蔬菜降雨时盖好棚膜可有效控制雨水淋溅传播病害。防虫网覆盖要选择合适目数的防虫网，一般选用的是20～25目（孔径0.589～0.833毫米）的白色网，夏秋季节覆盖防虫网栽培蔬菜，可减少农药的使用次数和使用量。另外，在夏季还可与遮阳网等设施配套使用。

四、科学用药技术

贯彻“预防为主、综合防治”的植保方针，树立“公共植保、绿色植保”理念，科学实施化学防治。推广高效、低毒、低残留、环境友好型农药，优化集成农药的轮换使用、交替使用、精准使用和安全使用等配套技术。严格遵守农药安全使用间隔期。通过合理使用农药，最大限度降低农药使用造成的负面影响。

1. 选用低毒、低残留农药

首选天力2号、菜丰灵等生物农药和抑太保（氟啶脲）、灭幼脲等特异昆虫生长调节剂。在无对路的生物农药和昆虫生长调节剂可用时，选择高效、微（低）毒、低残留农药，如多菌灵、百菌清、三乙膦酸铝、西玛津、杀虫双等。在病虫害会造成毁灭性损失时，才选用药效好、毒性中等、低残留农药，如速灭威、毒死蜱、辛硫磷等。严禁使用剧毒、高残留农药。

2. 对症用药

首先要进行田间调查，摸清病虫害发生情况，确定防治对象，再按防治对象选择高效对路农药。对土壤营养不均衡造成的缺素症，通过追肥或叶面喷洒补给相应元素。防治昆虫用杀虫剂，防治螨类用杀螨剂。防治咬食植物茎叶的咀嚼式口器的害虫和舐吸式口器的害虫用胃毒剂，防治刺吸植物汁液的刺吸式口器的害虫和钻蛀性咀嚼式口器的害虫用内吸剂，防治隐蔽性强的害虫用熏蒸剂，防治地下害虫用触杀型的土壤处理剂或内吸剂。防治细菌病害用链霉素、新植霉素、春雷霉素等抗生素和铜制剂杀菌剂。防治土传病害或通过茎、根伤口侵染的真菌病害，如根腐病、枯萎病、茎腐病等，用噁霉灵、甲霜·噁霉灵（瑞苗清）、甲基硫菌灵。防治通过空气传播、叶片气孔侵染的真菌病害，如白粉病、霜霉病、炭疽病、菌核病、叶斑病、疫病等，可根据发病时期和季节温度选取合适的杀菌剂进行防治。防治病毒病用磷酸三钠、高锰酸钾等杀灭种子所带病毒，用弱毒疫苗N14、抗毒丰等钝化病毒，用高脂膜等保护剂保护，发病初期用病毒A、毒克星、植病灵喷雾防治，用增效氰戊·马拉松（灭杀毙）、吡虫啉等内吸性杀虫剂杀灭蚜虫、粉虱、蓟马等传毒昆虫。

3. 抓住防治适期，适时施药

施药过早或过迟，不仅起不到防治病虫害的作用，而且成本增加，污染环境，往往事倍功半。所以应选择病虫生长发育最薄弱的环节和最有利于被大量杀伤的时机施药。露地蔬菜避免在降雨前用药，冬季温室用药应在晴天上午或中午。杀虫最好在幼虫期三龄前，对于钻蛀性害虫，如棉铃虫、食心虫、斑潜蝇、葱蓟马等用药应在卵孵化高峰期，夜蛾类害虫的防治应在傍晚。敌百虫、辛硫磷应在温度较高时使用，菊酯类杀虫剂如氟氯氰菊酯等在温度较低时防效较好。具有内吸输导功能的杀虫剂、杀菌剂、除草剂和生长调节剂应在下午或傍晚使用，生物杀虫剂应选择雾天或露水较多时使用，保护性杀菌剂应在病菌侵染作物之前使用。病害防治应在病菌孢子萌发期或发病初期用药。

4. 巧施农药，提高防效

根据病虫为害部位及特点选用适当的施药方法和技术。如地下害虫采用拌种、土壤处理、灌根、投放毒饵、沟施、穴施、浇泼等方法防治；种传病害采用药剂拌种、温汤浸种等方法防治；保护地防虫防病最好用烟雾剂或粉尘剂；白粉虱、红蜘蛛栖息在叶片背面，药液应重点喷在叶片背面；蚜虫、卷叶蛾一般为害新梢顶部，药液应重点喷在蔬菜的顶部；霜霉病、灰霉病、白粉病、锈病等，喷药时应着重喷叶片背面；炭疽病、轮纹病、叶枯病等，药液应着重喷在叶片正面。就农药剂型而言，颗粒剂只能撒施，乳油可以喷雾、拌种、拌毒土；有些农药使用时需要加增效剂、避风、避雨、避高温干旱等。

5. 适量用药，安全间隔

在“达标防治，减少普治”的原则下，严格按照病虫害防治规程和农药使用规定确定使用农药的数量、浓度及次数。积极应用精准施药器械和低容量或超低容量喷雾技术。严格执行农药安全间隔期标准，一般生物农药3～5天，菊酯类农药5～7天，有机磷农药7～10天，一般杀菌剂7～10天，百菌清、代森锌、多菌灵14天以上。

6. 交替、合理混配施用农药

在“混合后具有增效作用、不增加对人畜毒害”的原则下合理混配使用农药。选用作用机制不同、没有交互抗药性的药剂轮换、交替使用，切断害虫抗药性种群的形成过程。如交替使用霜霉威、甲霜·锰锌防治黄瓜霜霉病；交替使用乙螨唑、炔螨特、虫螨腈防治红蜘蛛；轮换使用抗蚜威、阿维菌素、菊酯类农药防治蚜虫，可有效延缓病虫害产生抗药性，提高防效。

混用的农药品种一般不要超过3种，否则容易产生拮抗作用或发生药害。如三乙膦酸铝防治黄瓜霜霉病时，与多菌灵混合可提高药效，或防止延缓病虫抗药性的产生；内吸性杀菌剂（如多菌灵、甲基硫菌灵）与天然的保护剂（如硫黄）混用可避免病原菌产生抗药性；代森锰锌与甲霜灵混用，既能阻止病原菌入侵，又可杀灭植物体内的病菌；在阿维菌素系列农药中加入适量的丹铜，可增强农药的渗透能力，提高杀灭斑潜蝇的能力。

7. 采用新型施药器械，提高喷药效果

利用先进的喷雾器械既能提高防治效果又能降低农药使用成本、提高农药的利用率。如：东方红牌DFH-16A型、卫士牌WS-16型背负式手动喷雾器等精准施药器械，其雾化程度高、雾滴细，可节水省药，降低劳动强度，安全性能好，避免跑、冒、滴、漏等问题。

第二章 瓜类蔬菜主要病害的识别与防控

一、霜霉病

瓜类蔬菜霜霉病是一种世界性病害，最早发现于北美古巴，我国最早于1912年报道，在湖南的南瓜上发现。主要为害瓜类蔬菜的叶片，可侵染黄瓜、节瓜、丝瓜、冬瓜、苦瓜、南瓜、甜瓜等瓜类作物。以黄瓜、甜瓜发生最为普遍，是一种流行性很强的常见病害。一旦发病，若条件适宜，病情发展极快，短时间内叶片大量干枯，俗称“跑马干”，直接影响结瓜或者提早拉秧，往往造成严重减产。

1. 症状识别

瓜类蔬菜在苗期和成株期均可发生霜霉病。发病初期从植株的下部叶片发生，伴有水渍状的浅绿色斑点，大病斑受叶脉限制而呈多角形（图2-1）。随着发病时间的延长，病部颜色逐渐变为黄绿色或褐色，在潮湿环境下，叶背部病斑处会长出紫褐色至黑色的霉层，这些霉层即病菌产生的繁殖体。有的叶片从叶缘开始出现扩展斑（图2-2）。

图2-1　黄瓜霜霉病早期叶部症状

图2-2　黄瓜霜霉病晚期叶部症状

2.病原和发病条件

该病主要是由古巴假霜霉（*Pseudoperonospora cubensis*）引

起的。病原菌在病叶上越冬、越夏，并通过气流、雨水、灌溉水等途径进行传播。可被感染发病。霜霉病的发生流行与温、湿度，特别是湿度有密切关系，在气温稍低（15～20℃）而又忽寒忽暖或昼夜温差大、多雨高湿的春季，或秋季从白露开始容易发生流行。定植后浇水过多或土地黏重、低洼、排水不良时发病严重。

3.预测预报

以黄瓜霜霉病为例：

(1) *苗期中心病株调查*。选当地有代表性类型田3块，从真叶出现开始，每块地定5个点，每点随机选100株，每5天调查1次(露水干以前调查)。

(2) *定点系统调查*。黄瓜定植后，于开花坐果期（5～6片真叶到根瓜坐住)，选择有代表性菜田3块，每块定5点，每点定20株，每5天调查1次，调查至拉秧前结束。

(3) *普查*。在系统观测点发现中心病株后和病害扩展初期，选择10块以上有代表性的类型田进行普查。采取5点取样的方法，每点取10株，每5天调查1次，分别调查发病田块病株率、发病程度等。

(4) *防治适期预报*。当田间出现中心病株、水渍状病斑普遍出现，或发病初始期病斑由水渍状发展为多角形、叶背出现霜霉层，结合未来天气（如转阴、下雨或有重雾、露）等情况时，进行防治适期预报。

4.防治适期

一般中心病株出现后10～15天，或水渍状病斑普遍出现后3～6天为防治适期。

5.防治措施

选择抗病品种，合理密植，加强肥水管理，施足基肥，增施磷钾肥，合理密植，改善通风透光条件，适时喷药防治，喷药要均匀，着重保护中下部叶片。防治霜霉病的化学药剂主要有两大类：①保护性杀菌剂如波尔多液、代森锌、代森锰锌、百菌清等，这类杀菌剂主要作用为杀死表面病菌防止病菌的侵入，但对已侵入植株的病菌效果很差；②内吸性杀菌剂如金雷多米尔、杀毒矾等，这类杀菌剂能被植物体吸收，是有防病和治病的双重效果，对已侵入植株的病菌起到抑制和杀灭作用。因此，发病前或发病初期可喷施保护性杀菌剂75%百菌清可湿性粉剂600 倍液；发病初期起，喷施内吸性杀菌剂58%代锌·甲霜灵水分散粒剂（雷多米尔）600 ~ 800 倍液或53%精甲霜·锰锌水分散粒剂（金雷多米尔)600 ~ 800 倍液；64%噁霜·锰锌可湿性粉剂600 倍液；25%嘧菌酯悬浮剂2 000 倍液，以上农药交替使用，每7 ~ 10 天喷施1 次，连续2 ~ 3 次。防治霜霉病的化学药剂主要有两大类：①保护性杀菌剂：如波尔多液、代森锌、代森锰锌、百菌清等，这类杀菌剂主要作用为杀死表面病菌防止病菌的侵入，但对已侵入植株的病菌效果很差。②内吸性杀菌剂：如53%精甲霜·锰锌水分散粒剂、64%噁霜·锰锌可湿性粉剂（杀毒矾）等，这类杀菌剂能被植物体吸收，是有防病和治病的双重效果，对已侵入植株的病菌起到抑制和杀灭作用。因此，发病前或发病初期可喷施保护性杀菌剂75%百菌清可湿性粉剂600 倍液；发病初期起，喷施内吸性杀菌剂58%代锌·甲霜灵水分散粒剂600 ~ 800 倍液或53%精甲霜·锰锌水分散粒剂600 ~ 800 倍液；64%噁霜·锰锌可湿性粉剂600 倍液；25%嘧菌酯悬浮剂2 000 倍液，以上农药交替使用，每7 ~ 10 天喷施1 次，连续喷施2 ~ 3 次。

二、白粉病

瓜类白粉病是一种常发性病害，在露地和设施栽培的瓜类上普遍发生，在黄瓜、瓠瓜、甜瓜、西葫芦、南瓜、冬瓜等作物上最为常见。在定植后的植株，南瓜、苦瓜、西葫芦、西瓜和甜瓜受害较重，该病一旦发生，短期内便可迅速蔓延，给瓜类生产带来较大损失。

1. 症状识别

苗期至收获期均可染病，以成株期为主。主要为害叶片，其次是茎和叶柄，一般不为害果实。发病初期，在叶片正面或

背面及茎秆上产生白色近圆形的小粉斑，后逐渐扩大为边缘不明显的连片白粉斑，像撒了一层面粉。严重时，白粉布满整个叶片，破坏叶片的光合作用和呼吸作用，导致叶片枯黄但不脱落，有时病斑上长出成堆的黄褐色小粒点，后变黑，即病原菌的闭囊壳或子囊壳。植株早衰，影响作物的产量和品质（图2-3和图2-4）。

图2-3　黄瓜白粉病叶部症状

图2-4　冬瓜白粉病叶部症状

2. 病原和发病条件

瓜类白粉病由子囊菌引起。以子囊壳随病株残体遗留在土壤中越冬，或直接在寄主体内吸食营养，以菌丝体在温室大棚的瓜株上越冬，条件适宜时释放子囊孢子或产生分生孢子，通过气流和雨水进行传播。病菌孢子萌发温度范围10～30℃，最适宜的温度为20～25℃，且需要较高湿度。30℃以上，−1℃以下，孢子很快失去活力。空气湿度大，温度20～25℃，或干湿交替出现最有利于白粉病的发生和流行。保护地瓜类白粉病重于露地瓜类，栽培地势低洼、施肥不足、土壤缺水、或氮肥过量、灌水过多、田间通风不良、湿度增高以及生长过旺或衰弱也有利于白粉病发生。

3. 预测预报

以黄瓜白粉病为例：

（1）*定点系统调查*。选定值15天后的夏、秋黄瓜早、中、晚不同茬口的主栽品种，利于发病的地势低、种植密度高的类型田块各2～3块。采取5点取样法，每5天调查1次，每点定株20株，共取样100株，调查株发病率与病情指数，并记录结果。

（2）*普查*。选定值15天后的夏、秋主栽茬口的类型田各2～3块，调查总田块10块以上。采取5点取样法，每10天调查1次，每点定株20株，共取样100株，调查株发病率并记录结果。根据测报点黄瓜白粉病田间系统调查结果、在白粉病株发病率5%～10%的初始发生期，汇总当前病情的发生基数、分析发生动态、结合中长期天气预报对下阶段病情发生的影响等综合出素，向主要生产区发出预警趋势预报。

4. 防治适期

一般病株出现后5～7天，或田间株发病率5%～10%为防治适期。

5. 防治措施

（1）*农业防治*。选用抗病品种，选择地势较高利于排水的田块种植，忌偏施氮肥，及时清除田间病残体，注意发现中心病株

并及时施药。

（2）化学防治。一般要求在发现田间有零星小粉斑时立即喷药防治，不要延误，每5～6天喷1次。白粉病病菌对硫制剂较敏感，发病初期可选用无机或有机硫制剂交替喷施3～4次，视病情和药种隔7～15天1次，前密后疏，喷匀喷足，可收到较好防治效果，但有些瓜类（如黄瓜、甜瓜）的品种对硫制剂也敏感，要注意喷施浓度，苗期慎用及避免高温下使用。药剂可选用25%三唑醇可湿性粉剂2 000倍液，或20%三唑醇乳油2 000～3 000倍液，或70%甲基硫菌灵+75%百菌清可湿粉1 000倍液，或40%多硫悬乳剂600倍液，或50%硫黄悬浮剂300倍液，或40%三唑铜多菌灵可湿粉650～850倍液。

三、枯萎病

瓜类枯萎病又称蔓割病、萎蔫病，是瓜类作物上的一种重要的土传病害，以黄瓜、西瓜发病最重，冬瓜、甜瓜次之，南瓜上发生较少。在黄瓜、西瓜上，一般病株率在10%～30%，重病田60%～70%，加上缺乏抗病品种，给防治带来很大困难。

1. 症状识别

从幼苗到成株均可为害，开花结果后发病较重，以结瓜期发病最盛，其典型症状是植株萎蔫（图2-5和图2-6）。在苗期子叶黄化，顶叶萎垂，根颈部黄褐色缢缩，猝倒或立枯死亡。成株

图2-5　西瓜枯萎病植株症状

图2-6　甜瓜枯萎病植株症状

期下部叶片褪绿，生长缓慢，沿叶脉出现鲜黄色网状条斑，黄叶自下而上发展，午间有萎蔫现象，但早晚可恢复。初期类似干旱，后期全株枯死。有时病株部分枝蔓先枯萎，病株茎基无光泽呈微黄白色，或稍缢缩，多纵裂，溢出树枝状胶质物。湿度大时有病部表面常产生白色或粉红色霉状物，主根或侧根呈黄褐色腐朽，病蔓下部维管束褐色，茎节部更明显（图2-7至图2-10）。

图2-7　黄瓜枯萎病根部症状

图2-8　西瓜枯萎病茎部症状

图2-9　黄瓜枯萎病茎蔓症状

图2-10　甜瓜枯萎病茎部症状

2. 病原和发病条件

病原为尖镰孢菌属无性型真菌。为害瓜类的有4个专化型：黄瓜化型、西瓜专化型、甜瓜专化型、丝瓜专化型。病菌以菌丝体、厚垣孢子及菌核随病残体在土壤和未腐熟的有机肥中越冬，种子也能带菌。这些都成为第2年病害的初侵染源。病菌腐生性极强，在土壤中能存活5～6年，厚垣孢子和菌核通过牲畜的消化道后仍可存活。病菌主要借雨水、灌溉水、肥料、农具、地下害虫、土壤线虫等传播，病菌从根部伤口及根毛顶端细胞间侵入，后进入维管束，在导管内发育，堵塞导管或引起植株中毒而萎蔫死亡。此病有潜伏侵染现象，即幼苗期感病后，多待成株期开花结瓜后才陆续显症，有的病株始终显症。地势低洼、排水不良，土壤偏酸、冷湿，土质黏重，土层瘠薄的地块发病重；耕作粗放、整地不平的地块发病重；平畦栽培比高垄栽培发病重；浇水过多发病重；连作地块病重，轮作地块病轻。一些优质抗病品种对枯萎病有明显的抵御作用。

3. 预测预报

以黄瓜枯萎病为例：

(1) 定点系统调查。选连作田，定值15天后的早、中、晚不同茬口的主栽品种，利于发病的地势低、种植密度高的类型田块各2～3块。采用棋盘跳跃式采样法，每5天调查1次，每田50点，每点定株2株，共取样100株，调查发病率与发病指数并记录。

(2) 普查。选定值20天后的早、中、晚茬口的主栽品种类型田各2～3块，调查总田数不少于10块。采用对角线5点取样法，每10天调查1次，每点定株20株，共取样100株，调查株发病率并记录结果。根据测报点黄瓜枯萎病病情系统消长调查、在黄瓜主栽茬口、主栽品种枯萎病株发病率3%～5%的初始发生期时，汇总当前病情发生基数、中长期天气预报对下阶段病情发生的影响等综合因素分析发生动态，向主要生产区发出预警趋势预报。

4. 防治适期

查见枯萎病中心病株后3～5天为防治适期。

5. 防治措施

(1) 实行轮作，避免连作。

(2) 利用抗病砧木嫁接栽培。近年在西瓜、黄瓜上广泛采用，防病效果良好。西瓜抗病砧木以超丰F 1、葫芦、瓠瓜较好；黄瓜用黑籽南瓜。

(3) 种子消毒。60%多菌灵盐酸盐超微粉（防霉宝）(1 : 1) 1 000倍液浸种1小时，或50%多菌灵可湿性粉剂500倍液浸种半小时，或用45～55℃热水浸种15分钟，移入冷水中冷却，催芽播种。

(4) 育苗地宜换新地或换新土，并进行床土消毒。可用30%土菌消水剂1 000倍液于播前和播后1～2周按3升/米^{2}淋灌床土，或用50%多菌灵可湿粉按1 : 500的比例配成药土，制成营养土块或装入育苗袋后播种，或按8～10克/米^{2}多菌灵可湿粉与苗床土拌匀后播种。

(5) 加强栽培管理。多施磷、钾肥，深沟高畦，雨后及时清沟排水，注意田间卫生。

（6）药剂防治。可于定植时、定植后1～2周、结瓜初期或发病始期根据实际采用穴施、沟施毒土或淋灌、结合基部喷施等办法施药预防控病。可选用30%土菌消水剂1 000 倍液，或14%双效灵水剂300 倍液，或50%多菌灵＋75%百菌清可湿粉（1 ：1）800～1 000 倍液，或高锰酸钾600 倍液，或农抗120 水剂200 倍液，或25.9%络氨铜锌水剂（抗枯宁）400～600 倍液，或65%疫羧敌可湿性粉剂600～800 倍液（冬瓜枯萎病），定植时作定根水或移植后定期灌根（200～500 毫升/株），结合茎基部喷施3～4次，每隔5～15 天1 次，前密后疏，瓜果采收前20 天停止施药。

四、炭疽病

炭疽病可为害黄瓜、冬瓜、苦瓜、丝瓜、西葫芦、南瓜、甜瓜、西瓜等瓜类植物。叶、茎、果均可受害，不同瓜类作物的症状不完全相同。

1. 症状识别

瓜类幼苗发病，子叶边缘出现褐色半圆形或圆形病斑（图2-11至图2-13）；茎基部受害，病部缢缩，变色，幼苗猝倒（图

图2-11　冬瓜炭疽病叶部症状

2-14)。成株期叶片、茎蔓和瓜果都可受害，不同瓜类其症状稍有差异。果实染病，病斑近圆形，初呈淡绿色，后为黄褐色，或暗褐色，表面有粉红色黏稠物，后期常开裂（图2-15和图2-16）。有时出现琥珀色流胶。

图2-12　黄瓜炭疽病叶部症状

图2-13　黄瓜炭疽病幼苗症状

图2-14　丝瓜炭疽病茎部症状

图2-15　西瓜炭疽病果实症状

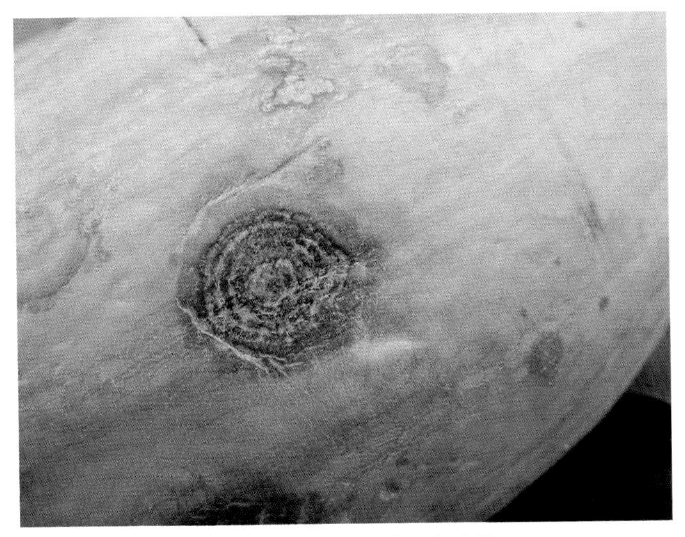

图2-16　南瓜炭疽病果实症状

2. 病原菌和发病条件

病原菌为葫芦科刺盘孢，属无性型真菌。病菌主要以菌丝体在被害残体上遗留地表和土中越冬。由于病菌有黏稠物，主要借雨水、天幕滴水等返溅而传播。病菌生长温度较高，适温23～24℃，最高32℃，最低6℃。在瓜类蔬菜的连作地块及使用瓜地用过的架材的地块发病。苗期遇上多雨，最易感病。地下水位高，排水不良地发病重。在保护地通风不良、高温高湿，或天幕滴水多、叶面结露时间长，均易发病。

3. 预测预报

（1）苗期病害系统调查。调查时间为出苗后10～15天开始至定植前5天，选取地势较低、重茬老苗床或品种抗病性较弱的利于苗期早发病的苗床2～3个。采用对角线5点取样法，每5天调查1次，每点定株20株，共取样100株，调查株发病率并记录结果。

（2）定点系统调查。选连作田，定植15天后的早、中、晚茬口的各主栽品种，利于发病的地势低、种植密度高的类型田各2～3块。采用对角线5点取样法，每5天调查1次，每点定株20株，共取样100株，调查株发病率与病情指数并记录结果。

（3）普查。选定植15天后的夏、秋各主栽茬口的类型田各2～3块，调查总田块10块以上。采用对角线5点取样法，每10天调查1次，每点定株20株，共取样100株，调查株发病率并记录结果。根据测报点炭疽病病情系统消长调查，在主栽茬口、主栽品种炭疽病的初始发生期时，汇总当前病情的发生基数、分析发生动态、中长期天气预报对下阶段病情发生的影响等综合因素，向主要生产区发布预警趋势预报。

4. 防治适期

黄瓜炭疽病防治适期为查见中心病株后5～10天或田间株发病率5%～10%。冬瓜炭疽病防治适期为查见中心病株后7～10天或天气预报25℃以上、有连续阴雨天气。

5. 防治措施

（1）实行3年以上非瓜类作物轮作，水旱轮作更好。

（2）种子消毒可用55℃温水浸种15分钟，或以种子重0.4%的50%多菌灵拌种。

（3）塑料膜拱棚栽培有避雨防病作用，宜推广简易塑料膜覆盖栽培法。

（4）露地栽培推广高畦铺地膜，或铺稻草、麦秸等方法，以防土壤病菌返溅传播。雨季加强排水，减少土壤水分。

（5）预防和兼治其他病害，开花初期或幼果期各喷1次75%百菌清可湿性粉剂600倍液，或70%代森锰锌可湿性粉剂500倍液，50%多菌灵可湿性粉剂600倍液，或用50%多菌灵可湿性粉剂、75%百菌清可湿性粉剂和水以1 ∶ 1 ∶ 800比例的混合液喷施，具增效作用。

五、灰霉病

灰霉病主要为害黄瓜、南瓜、西葫芦等瓜类蔬菜，在我国菜区发生较普遍。

1.症状识别

在瓜类蔬菜上，灰霉病主要侵染叶片和果实，其中在丝瓜和南瓜上主要为害叶片，西葫芦上主要为害果实。叶部病斑为水浸状，病斑中间有时产生灰色霉层，叶片上常有大型病斑，并有轮纹，边缘明显（图2-17和图2-18）。幼果的蒂部初为水渍状，逐渐软化，表面密生灰色霉层，致果实萎缩、腐烂，有时长出黑色菌核（图2-19和图2-20）。

图2-17　黄瓜灰霉病叶片受害状

图2-18　西葫芦灰霉病叶部症状

图2-19　西葫芦灰霉病果实症状

图2-20　黄瓜灰霉病果实症状

2. 病原菌和发病条件

病原菌为灰葡萄孢菌，属无性型真菌。病原菌以附着病残体的菌核和菌丝体在土中越冬。发病温度不严格，4～31℃均可发病。栽培昼温不超过25℃，夜温低于10℃，空气湿度高于85%，长时间结露，便会流行。遇连阴或下雨、下雪，通风透光不足，密植，瓜秧生长不良等发病较重。

3. 预测预报

以黄瓜灰霉病为例：

（1）苗期病害系统调查。调查时间为出苗后10～15天开始至定植前5天，选取地势较低、重茬老苗床或品种抗病性较弱的利于苗期早发病的苗床2～3个。采用对角线5点取样法，每5天调查1次，每点定株20株，共取样100株，调查株发病率并记录结果。

（2）残花带菌率、病瓜率系统消长调查。调查时间：春黄瓜为2月下旬至5月中旬，秋黄瓜视天气情况而定，当天有利于发病时需进行调查。选连作田，定植10天后的早、中、晚茬口的各主栽品种，利于发病的地势低、种植密度高的类型田各2～3块。采用对角线5点取样法，每5天调查1次，每点采集5朵残留瓜蒂部的凋谢花，共取样25朵，分装于经消毒的5只直径10厘米培养皿内（底垫消毒滤纸保湿），置于25℃培养箱保湿培养4～5天，观察残花发病率。每点随机。

（3）定点系统调查。调查时间为春黄瓜为3月下旬至5月中旬。选连作田，定植10天后的早、中、晚茬口的各主栽品种，利于发病的地势低、种植密度高的类型田各2～3块。采用对角线5点取样法，每5天调查1次，每点定株20株，共取样100株，调查株发病率与病情指数并记录结果。

（4）普查。调查时间为春黄瓜3月下旬至5月下旬。选定植25～30天以上的早、中、晚茬口的各主栽品种的类型田各2～3块，调查总田块10块以上。采用对角线5点取样法，每5天调查1次，每点定株20株，共取样100株，调查株发病率并记录结果。根据测报点黄瓜灰霉病病情系统消长调查，在黄瓜主栽茬口、主栽品种的灰霉病株发病率5%～10%的初始发生期时，汇总当前病情的发生基数、中长期天气预报对下阶段病情发生的影响等综合因素分析发生动态，向主要生产区发布预警趋势预报。

4.防治适期

查见黄瓜灰霉病中心病株后10～15天，天气预报多阴雨，日照少时为防治适期。

5.防治措施

（1）推广高畦地膜滴灌栽培方法。

（2）生长前期适当控制浇水，多中耕，降低湿度。

（3）及早摘除病叶和黄叶，清除田间病残体。

（4）一般以花期和膨果期为重点防治时期。发病初期选用50%腐霉利可湿性粉剂1 000倍液，或50%异菌脲可湿性粉剂800倍液，或50%乙烯菌核利可湿性粉剂1 000～1 500倍液，或65%甲硫·霉威可湿性粉剂700倍液，或40%嘧霉胺悬浮剂1 000倍液喷雾防治，每隔7～10天喷1次，根据病情连喷2～4次。施药要仔细，叶片正面、背面都要喷到，小苗喷药酌减。

六、疫病

疫病主要为害黄瓜、冬瓜、西瓜、甜瓜、丝瓜等，是测报和防治难度较高的瓜类主要病害。在我国菜区都有分布，以长江流域、华北以南地区发生偏重。

1.症状识别

瓜类疫病在瓜类整个生育期均可染病，主要为害茎、叶、果各部位（图2-21至图2-24）。瓜果受害，初现水渍状斑点，后病斑扩大凹陷，有的裂，溢出胶状物，病部扩大后，造成瓜果腐烂，表面疏生白霉。

图2-21 黄瓜疫病植株症状

图2-22 黄瓜疫病果实症状

图2-23　冬瓜疫病叶部症状

图2-24　冬瓜疫病茎部症状

2.病原菌和发病条件

病原菌为甜瓜疫霉，属鞭毛菌门真菌。病原菌以菌丝体或卵孢子及厚垣孢子随病残体遗留在土中越冬，翌年温湿条件适宜时，即长出孢子囊，借助雨水或灌溉水传播，成为初次侵染来源。夏季在大风雨或暴雨后，即有瓜疫病流行。卵孢子在土壤中能存活5年以上。瓜类连作地，地下水位高、排水不良的地块，发病较重。

3.预测预报

以黄瓜疫病为例：

（1）苗期病害系统调查。调查时间从出苗后10～15天开始至定植前5天。选地势较低、重茬老苗床或品种抗病性较弱的利于苗期早发病的苗床2～3个。采用对角线5点取样法，每5天调查1次。每点定株20株．共取样100株，调查株发病率并记录。

（2）定点系统调查。调查时间从定植10天开始至黄瓜采收结束前10天。选早、中、晚茬口的主栽品种，利于发病的地势低、种植密度偏高的类型田各2～3块，采用棋盘式取样法，每5天调查1次。每田定点20个，每点定株5株，共取样100株，调查株发病率与病情指数并记录。

（3）普查。调查时间在各地黄瓜疫病进入发生始盛期开始至黄瓜采收结束前15天结束。选黄瓜定植15天以后的早、中、晚茬口各主栽品种的类型田各2～3块，调查总田块15块以上。采用棋盘式取样法。每10天调查1次，每田取样20点，每点5株，共取样100株，调查株发病率并记录。根据测报点黄瓜疫病病情系统消长调查，在黄瓜主栽茬口、主栽品种疫病株发病率3%～5%的初始发生期时，汇总当前病情发生基数、中长期天气预报的温度、雨量、日照时数对下阶段病情发生的影响等综合因素分析发生动态，向主要生产区发出预警趋势预报。

4.防治适期

黄瓜疫病发病始见后2～4天或田间株发病率3%。

5.防治措施

(1) 与非瓜类作物轮作3年以上。

(2) 选择地势高燥，排水良好地，实行高畦地膜支架栽培，雨季加强排水，降低土壤水分。严防大水漫灌，水位不超过畦面。发现病株立即销毁。

(3) 防治着重在下雨前后和发病初期。有效药剂有75%百菌清可湿性粉剂600倍液、72%霜脲·锰锌可湿性粉剂800倍液、10%烯酰吗啉水乳剂400倍液、70%乙膦铝·锰锌可湿性粉剂500倍液、72.2%霜霉威盐酸盐水剂600倍液、58%甲霜灵·锰锌可湿性粉剂500倍液、50%甲霜铜可湿性粉剂600倍液。

七、蔓枯病

蔓枯病病原菌的寄主范围广泛，可寄生在绝大部分瓜类作物上。蔓枯病可为害黄瓜、苦瓜、冬瓜、丝瓜、甜瓜、西瓜等瓜类蔬菜。在我国北方温室大棚内为害较为严重，茎、叶、瓜果均可被害。由于蔓枯病病害症状变化多样，且不易辨别常导致药剂使用不当，严重影响防效。

1.症状识别

瓜类蔓枯病的症状既表现出统一性又呈现出侵染点多样性。统一性是指病斑面积较大，多呈腐烂状，病部薄且易碎，湿度大可见密集小黑点；侵染点多样性是指蔓枯病可为害多个部位且症状不同，包括生长点腐烂，叶部病斑，茎蔓、叶柄、果柄腐烂，果实水渍状腐烂等。多发生在成株期，主要为害茎蔓和叶片，发病株结果率低。茎蔓多在节部受害，初期为梭形或椭圆形病斑，后期扩展成大斑。病部有时会溢出琥珀色胶质物，后期病部呈黄褐色干缩，纵裂成乱麻状，引起蔓枯，其上散生小黑点（图2-25至图2-27）。叶片发病，多在边缘产生半圆形斑，有时自叶缘向内呈V形扩展，淡黄色或黄褐色，有隐约轮纹，其上散生许多小黑点，后期病斑易破裂（图2-28和图

2-29）。果实多在幼瓜期受害，幼瓜期花器染病，致果肉淡褐色，软化，呈心腐（图2-30）。

图2-25　黄瓜蔓枯病茎部症状

图2-26　丝瓜蔓枯病茎部症状

图2-27　冬瓜蔓枯病茎部症状

图2-28　黄瓜蔓枯病叶部症状

图2-29　冬瓜蔓枯病叶部症状

图2-30　丝瓜蔓枯病果实症状

2. 病原菌和发病条件

病原菌为小双胞腔菌，属子囊菌门真菌。病原菌随病残体在土中或架材上越冬。孢子器和子囊壳接触水便释放大量孢子，借雨水、棚幕滴水等返溅传播。病菌生长适温20～24℃。露地栽培在雨季发病，雨日多、雨量大时流行。保护地栽培在通风不良、高温高湿时发病。脱肥、密植，生长不良发病重。

3. 防治措施

（1）与非瓜类作物实行3年轮作。

（2）种子处理。播种前进行温汤浸种，即用48～50℃温水浸种30分钟，而后凉水浸泡降温后晾干播种，也可用70%甲基硫菌灵400～700倍液、或25%嘧菌酯悬浮剂1 000倍液浸种，或50%多福粉可湿性粉剂拌种。

（3）露地栽培采用高畦铺地膜。浇水深度不超过茎基部。雨季加强排水，及时追肥以提高生长势。

（4）保护地栽培加强通风，降低温度，防止天幕滴水。

（5）①幼苗期可用10%苯醚甲环唑水分散粒剂1 000倍液，或75%敌克松可溶性粉剂1 000倍液灌根。②由于植株中下部茎蔓及叶片发病较重，要重点喷施，可于发病初期用32.5%苯醚甲环唑·嘧菌酯悬浮剂1 000倍液加0.136%赤·吲哚·芸薹可湿性粉剂（碧护）10 000倍液，或25%嘧菌酯悬浮剂1 500倍液，或70%百菌清可湿性粉剂600倍液喷雾，每隔5～7天1次，连喷3～4次。对于发病严重的茎蔓，可用毛笔蘸10%苯醚甲环唑水分散粒剂200倍液涂抹病斑部分，对流胶伤口愈合有促进作用。

八、黑星病

黑星病是一种检疫性病害，除为害黄瓜外，还可为害西葫芦、甜瓜、南瓜等。

1. 症状识别

叶片被害，开始产生近圆形小斑点，呈淡黄色，后期易穿孔，

穿孔后留下黑色边缘的星状孔（图2-31至图2-33）。瓜条染病，初流胶，渐扩大为暗绿色凹陷斑，表面长出灰黑色霉层，致病部呈疮痂状，病部停止生长，形成畸形瓜（图2-34）。

图2-31　黄瓜黑星病叶部症状

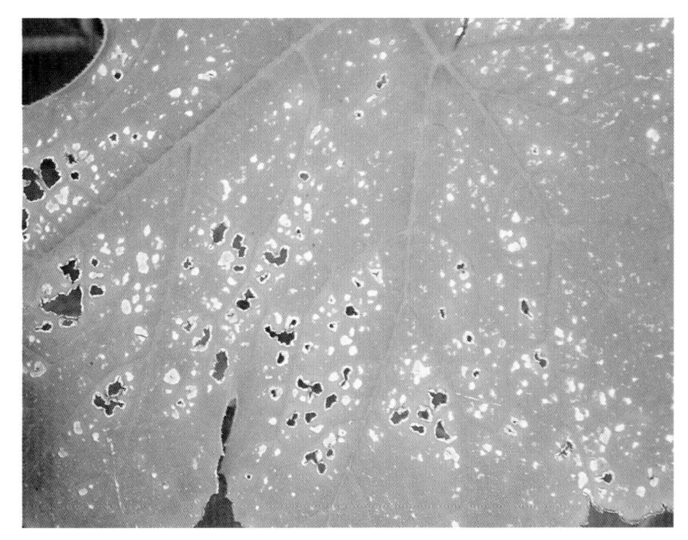

图2-32　西葫芦黑星病叶部症状

图2-33　南瓜黑星病叶部症状

图2-34　黄瓜黑星病果实症状

2.病原菌和发病条件

病原菌为瓜疮痂枝孢霉，主要以菌丝体或菌丝块随病残体在土壤中越冬。从病瓜上采的种子以及残留在支架、吊绳的病残体也可成为病菌来源。病斑上长出的分生孢子借气流、雨水、棚膜滴水等传播，在水中萌发，芽管直接侵入表皮而发病。该病属低温病害，病菌生长适温21℃，发病适温17℃左右，在低温高湿条件下流行。在保护地栽培，其温度15～20℃，空气湿度86%～100%，结露时间12小时以上，便大发生。露地黄瓜多在春、秋多雨时发生。瓜类重茬地、播种病种子、浇水多、密植、遇连阴雨天、通风透光不良，均发病重。

3.防治措施

（1）*严格检疫*。杜绝带病瓜果和种子传入。不要从疫区引种引苗，一旦发现病株，及时拔除，连同病残叶一起带出烧毁。

（2）*对种子进行消毒处理*。可用75%百菌清800倍液浸种20分钟后水洗，或用75%百菌清按种子重量0.3%拌种。然后以清水冲洗后播种。

（3）*清洁田园*。清除瓜类蔬菜病虫残体，集中销毁深埋，结合深翻，杜绝初侵染源。

（4）*高温闷棚*。如黄瓜高温闷棚47～48℃处理1～2小时，对黑星病有控制作用，兼治霜霉病。

（5）发病初期喷50%多菌灵可湿性粉1 000倍液，或75%百菌清可湿性粉剂600倍液，或12.5%腈菌唑乳油4 000倍液。

九、菌核病

菌核病可为害黄瓜、番茄、辣椒、茄子、胡萝卜、马铃薯、菠菜、芹菜及十字花科蔬菜，主要发生在中管棚和连栋大棚保护地中栽培的黄瓜上。

1.症状识别

果实多在幼瓜期发生。病菌从花瓣或柱头侵染，瓜尖部呈水浸状黄绿色，当空气湿度高时密生棉絮状白霉，分泌污白色黏液，后期病部形成鼠粪状黑色菌核（图2-35和图2-36）。

图2-35　黄瓜菌核病果实症状

图2-36　冬瓜菌核病茎部症状

2. 病原菌和发病条件

病原菌为核盘菌，属子囊菌门真菌。菌丝生长适温18～20℃，发病温度较低，适温15～20℃，但对水分要求高，土壤潮湿，空气温度85%以上。北方保护地栽培3～5月遇阴雨或连阴天后发病。通风透光不良、地温忽高忽低或土壤水分高发病重。南方露地栽培，早春多雨发病，地下水位高、浇水多、排水不良地发病重。

3. 预测预报

以黄瓜菌核病为例：

（1）*苗期病害系统调查*。调查时间从出苗后10～15天开始至定植前5天。选地势较低、重茬老苗床或品种抗病性较弱的利于苗期早发病的苗床2～3个。采用对角线5点取样法，每5天调查1次。每点定株20株，共取样100株，调查株发病率并记录。

（2）*定点系统调查*。调查时间从2月上旬至6月下旬。选连作田，定植15天后的早、中、晚茬口的主栽品种，利于发病的地势低、种植密度偏高的类型田各2～3块，采用对角线5点取样法，每5天调查1次，每点定株20株，共取样100株，调查株发病率与病情指数，进入坐果期的田块每点再调查10条幼瓜，共取样50条

幼瓜，调查果实发病率并记录。

（3）普查。调查时间在3月上旬至5月中旬。选定植20天后的早、中、晚茬口各主栽品种的类型田各2～3块，调查总田块10块以上。采用对角线5点取样法，每10天调查1次，每点定株20株，共取样100株，调查株发病率并记录。根据测报点黄瓜菌核病病情系统消长调查，在黄瓜苗核病的初始发生期时，汇总当前病情的发生基数，结合中长期天气预报对下阶段病情发生的影响等综合因素分析发生动态，向主要生产区发出预警趋势预报。

4. 防治适期

查见黄瓜菌核病中心病株后5～10天或田间株发病率5%～10%。

5. 防治措施

（1）取立架高畦地膜栽培，以防土壤病菌返溅传播，或萌发后空气传播。

（2）开花座果期增加通风量，降低空气温度85%以下。及时进行疏花疏果和摘取雄花。

（3）开花前后进行药剂预防。用40%嘧霉胺悬浮剂2 000倍液，50%乙烯菌核利可湿性粉剂或50%异菌脲可湿性粉剂1 000～1 500倍液，50%腐霉利可湿性粉剂加70%甲基硫菌灵可湿性粉剂各1 500倍混合液，或75%百菌清可湿性粉剂加50%多菌灵可湿性粉剂各500倍混合液。药液喷到花器和下部老叶及地表。

十、白绢病

白绢病又称菌核性根腐病和菌核性苗枯病，可为害黄瓜、冬瓜、西瓜等瓜类作物。长江流域以南各地发生较多。

1. 症状识别

主要为害茎部或果实（图2-37和图2-38）。瓜果染病，病部呈灰褐至红褐色坏死，表面产生绢丝状白色菌丝层，并进一步向四周辐射扩展，后期转变成红褐至茶褐色油菜籽状菌核。随病害发展病瓜腐烂，干燥时病瓜失水干腐。

图2-37　西瓜白绢病茎部症状

图2-38　西瓜白绢病果实症状

2. 病原菌和发病条件

病原菌为齐整小核菌，属半知菌齐整小菌核真菌。病原菌主要以菌核或菌丝体在土壤内越冬。病菌生长温度8～40℃，适宜温度30～33℃，最适宜pH5～9。高温潮湿有利于发病，此外，酸性土壤、沙性土壤或与果菜类蔬菜连作，发病较重。

3. 防治措施

（1）用生石灰1.5～4.5吨/公顷调节土壤酸碱度，使土壤接近中性。施用充分腐熟的有机肥。

（2）及时彻底清除病残组织并深翻土壤。

（3）采取高垄或高畦地膜覆盖栽培，控制病菌传播蔓延。

（4）发病初期用40%氟硅唑乳油6 000倍液，或10%苯醚甲环唑水分散粒剂8 000倍液，或45%噻菌灵悬浮剂1 000倍液，或10%多氧霉素可湿性粉剂500倍液喷浇病株根茎部和邻近土壤。

十一、绵腐病

绵腐病是瓜类采收期常见病害，以黄瓜、节瓜、冬瓜发生居多，西葫芦、南瓜、甜瓜等也有发生。

1. 症状识别

主要为害成熟的瓜果，多从贴近地面的部位开始发病，染病

的瓜果表皮出现褪绿，渐变黄褐色不定形的病斑，迅速扩展，瓜肉也变黄变软而腐烂，随后在腐烂部位长出茂密的白色棉毛状物，并有一股腥臭味（图2-39至图2-41）。

图2-39　西葫芦绵腐病果实症状

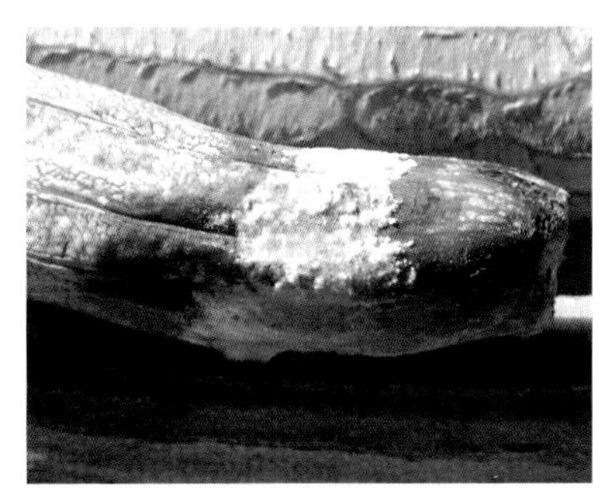

图2-40　丝瓜绵腐病果实症状

图2-41　冬瓜绵腐病果实症状

2. 病原菌和发病条件

病原菌为瓜果腐霉，属鞭毛菌亚门真菌。病原菌主要分布在表土层内，雨后或湿度大，病菌迅速增加。土温低、高湿利于发病。

3. 防治措施

（1）采用高畦栽培，避免大水漫灌，大雨后及时排水，必要时可把瓜垫起。

（2）在幼果期喷施50%甲霜灵可湿性粉剂800倍液，或58%甲霜灵·锰锌可湿性粉剂600倍液，或72%霜脲·锰锌可湿性粉剂800倍液，或72.2%霜霉威盐酸盐水剂600倍液，或75%百菌清可湿性粉剂600倍液，或50%琥珀肥酸铜可湿性粉剂500倍液，连喷2～3次，隔10天左右1次，注意轮换使用，喷匀喷足。

十二、细菌性角斑病

细菌性角斑病在我国各菜区均发生，主要为害黄瓜、丝瓜、苦瓜、甜瓜、西瓜、葫芦等，常与黄瓜霜霉病同期、同叶混合发生，病症相似、极易混淆。

1. 症状识别

果实上产生油浸状暗色凹陷病斑，龟裂，分泌白色黏液，病部沿维管束向内发展，致种子染病。在病部不长霉而分泌白色黏液为其病症特点（图2-42至图2-44）。

图2-42　丝瓜细菌性角斑病叶部症状

2. 病原菌和发病条件

病原菌为丁香假单胞菌流泪致病变种，属细菌。带菌种子和土壤中病残体为初侵染源。病菌生长温度4～39℃，适温24～28℃。保护地只有低温高湿，棚膜滴水多，叶片结露时间长时才会大发生。露地黄瓜则在暴风雨过后流行。浇水多、排水不良、土壤水分高、氮肥多，均发病较重。

图2-43　冬瓜细菌性角斑病叶部症状

图2-44　南瓜细菌性角斑病叶部症状

3. 预测预报

以黄瓜细菌性角斑病为例：

（1）苗期病害系统调查。调查时间从出苗后10～15天开始至定植前5天。选地势较低、重茬老苗床或品种抗病性较弱的利于苗期早发病的苗床2～3个。采用对角线5点取样法，每5天调查1次，每点定株20株，共取样100株，调查株发病率并记录。

（2）定点系统调查。调查时间从定植后10天开始至黄瓜采收结束前10天。选早、中、晚茬口的主栽品种，利于发病的地势低、种植密度偏高的类型田各2～3块，采用对角线5点取样法，每5天调查1次，每点定株20株，共取样100株，调查株发病率与病情指数并记录。

（3）普查。调查时间在各地黄瓜细菌性角斑病进入发生始盛期开始至黄瓜采收结束前15天结束。选定植15天以后的早、中、晚茬口各主栽品种的类型田各2～3块，调查总田块15块以上。采用对角线5点取样法，每10天调查1次，每点定株20株，共取样100株，调查株发病率并记录。根据测报点黄瓜细菌性角斑病病情系统消长调查，在主栽茬口、主栽品种的细菌性角斑病株发病率3%～5%的初始发生期时，汇总当前病情的发生基数、中长期天气预报对下阶段病情发生的影响等综合因素分析发生动态，向主要生产区发出预警趋势预报。

4. 防治适期

黄瓜细菌性角斑病发病始见后5～7天或田间株发病率5%～8%。

5. 防治措施

（1）加强检疫。种子带菌是重要远距离传播途径，严防带菌种进入无病区。

（2）种子消毒。用55℃温水浸种15分钟，或40%甲醛（福尔马林）150倍液浸种90分钟，清水冲洗后催芽播种。

（3）保护地内采取高畦铺地膜，或开花结瓜前多中耕，少浇水。尽力使棚内干燥。一旦发病，及时去除病叶，控制浇水，夜间通风。有条件，夜间临时加温，以防结露和滴水。

（4）露地栽培推广防雨栽培法。雨后加强排水，减少土壤水分。

（5）发病前后喷药。可用14%络氨铜水剂300倍液，或50%甲霜铜可湿性粉剂600倍液，或50%琥珀肥酸铜可湿性粉剂500倍液，或72%链霉素可溶性粉剂4 000倍液频繁使用铜制剂很容易使植物抗药性产生，因此，要注意轮换使用药剂。

十三、软腐病

1. 症状识别

病菌多从伤口处侵染，初期呈水渍状灰白色坏死斑，继而软化腐烂，散发出臭味。此病发生后病势发展迅速，瓜条染病后在很短时期内即全部腐烂主要为害果实（图2-45至图2-47），也在茎基部发生。

图2-45　西葫芦软腐病果实症状

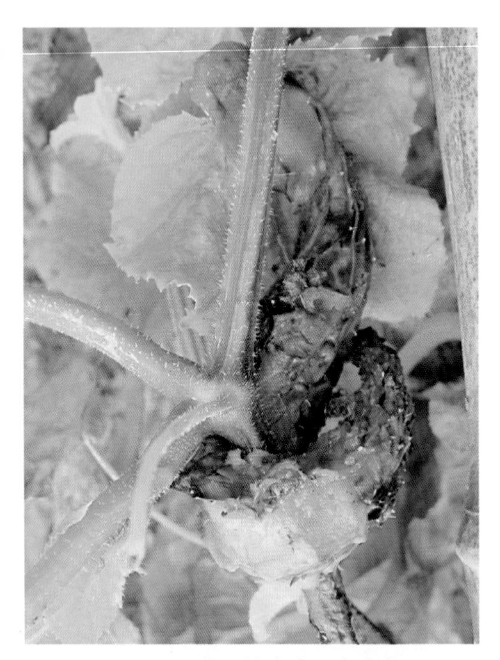

图2-46 黄瓜软腐病果实症状

图2-47 冬瓜软腐病果实症状

2. 病原菌和发病条件

病原菌为胡萝卜软腐欧氏杆菌胡萝卜软腐病亚种，属细菌。病菌借雨水、浇水及昆虫传播，由伤口侵入。高温高湿条件下发病严重。通常，高温条件下病菌繁殖迅速，多雨或高湿有利于病菌传播和侵染，且伤口不易愈合增加了染病概率，伤口越多病害越重。

3. 防治措施

（1）选择适当的抗病品种。

（2）避免田间积水。采用高垄或高畦地膜覆盖栽培，生长期避免大水漫灌，雨后及时排水，避免田间积水。

（3）及时防治病虫，避免日灼、肥害和机械伤口、生理裂口。发现病瓜及时摘除，并及时采用72%农用链霉素可溶性粉剂4 000倍液，或88%水合霉素可溶性粉剂2 000倍液，3%中生菌素可湿性粉剂800倍液，或20%叶枯唑可湿性粉剂600倍液，或77%氢氧化铜可湿性粉剂800倍液，对水喷雾防治，视病情间隔7～10天喷药1次，共喷1～3次。

十四、病毒病

1. 症状识别

瓜类蔬菜病毒病症状复杂，不同的病毒可以引起不同的症状（图2-48至图2-51）。

（1）花叶病毒病。幼苗期感病，子叶变黄枯萎，幼叶为深浅绿色相间的花叶，植株矮小。成株期感病，新叶为黄绿相间的花叶，病叶小，皱缩，严重时叶反卷变硬发脆，常有角形坏死斑，簇生小叶。病果表面出现深浅绿色镶嵌的花斑，凸凹不平或畸形，停止生长，严重时病株节间缩短，不结瓜，萎缩枯死。

（2）皱缩型病毒病。新叶沿叶脉出现浓绿色隆起皱纹，叶形变小，出现蕨叶、裂片；有时叶脉出现坏死。果面产生斑驳，或凸凹不平的瘤状物，果实变形，严重病株引起枯死。

图2-49 甜瓜病毒病叶部症状

图2-48 西葫芦病毒病叶部症状

图2-50 冬瓜病毒病叶部症状

图2-51 西葫芦病毒病果实症状

（3）绿斑型病毒病。新叶产生黄色小斑点，以后变淡黄色斑纹，绿色部分呈隆起瘤状。果实上生浓绿斑和隆起瘤状物，多为

畸形瓜。

（4）黄化型病毒病。中、上部叶片在叶脉间出现褪绿色小斑点，后发展成淡黄色，或全叶变鲜黄色，叶片硬化，向叶背面卷曲，叶脉仍保持绿色。

2.病原和发病条件

主要是黄瓜花叶病毒（CMV）和甜瓜花叶病毒（MMV）。主要通过蚜虫的有翅蚜传毒。可通过汁液和嫁接传染，种子和土壤不传染。连作瓜类地发病重。在高温、干旱、日照强的条件下，病害发生严重。此外，植株定植晚，结瓜期正处在高温季节时病毒病发病重；在缺水、缺肥、管理粗放、蚜虫多的情况下发病也较重。

3.预测预报

以黄瓜病毒病为例：

（1）传病虫媒的系统消长调查。调查时间为4～10月。选早栽、氮肥偏多、利于发生蚜虫、蓟马、烟粉虱等传媒害虫的类型田2～3块。在设施外设黄盆诱测有翅蚜虫迁飞，在设施内设黄板诱测蓟马、烟粉虱，并记录调查结果。

（2）定点系统调查。调查时间为4～11月。选连作利于发病的感病品种、蚜虫等传媒害虫多发生的类型田2～3块。采用对角线5点取样法，每5天调查1次，每点定株20株，共调查100株，调查株发病率与病情指数并记录结果。

（3）普查。调查时间从4～11月。选处于生长中后期的早、中、晚茬口的主栽品种类型田2～3块。调查总株数不少于10块。采用对角线5点取样法，每10天调查1次，每点随机定株20株，共100株，调查株发病率并记录结果。根据测报点黄瓜病毒病系统消长调查，在黄瓜主栽茬口、主栽品种的传媒害虫发生初期、病毒病株发病率2%～5%的初始发生期时，汇总当前传媒害虫虫口、病毒病的发生基数、中长期天气预报对下阶段虫情、病情发生的影响等综合因素分析发生动态，向主要生产区发出预警趋势预报。

4. 防治适期

黄瓜病毒病防治适期为传病虫媒田间株发生率5%～10%。

5. 防治措施

(1) 种子处理。种子要无病瓜留种，或用10%磷酸三钠浸种20分钟，充分水洗后播种，或将干种子用70℃恒温处理72小时，催芽后播种。

(2) 在保护地中用消毒土塑料钵育苗，实行非瓜类作物轮作。

(3) 采用双导简易塑料薄膜覆盖。不仅避蚜防病，且能提早上市。

(4) 化学防治。苗期和发病初期喷洒20%病毒A可湿性粉剂500倍液，或1.5%植病灵乳剂1 000倍液隔10天左右1次，连喷2～3次。

十五、根结线虫病

瓜类根结线虫病为害植株根部，破坏根部输导系统，影响根系的水肥吸收和养分的传导，同时根结线虫的侵染导致植株易感染枯萎病等根部的其他病害。植株感病，轻则植株生长缓慢，重则死亡。特别是4～5月播种或定植的西瓜、冬瓜、黄瓜、甜瓜等，其生长期正值5～8月线虫的繁殖为害高峰期，严重影响瓜类生产。

1. 症状识别

瓜类根结线虫病仅危害根部，被害的须根和侧根形成串珠状瘤状物，称为根结，使整个根肿大、粗糙，呈不规则状（图2-52和图2-53）。瘤状物初为白色，表面光滑较坚实，后期根结变成淡褐色腐烂。剖开瘤状物，可见里面有半透明白色针头大小的颗粒，即雌成虫。瓜类苗期至成株均可发病。幼苗感病，幼根上产生许多瘤状物，地上部叶色变浅，叶缘枯黄。发病严重时枯死。成株期发病，植株生长势弱，开花晚，不结瓜或瓜小，病重植株主根朽弱，侧根和须根上产生许多大小不等的瘤状根结。由于根部被破坏，影响正常的吸收，所以地上部生长发育受阻，轻者症状不明显，重者生长缓慢，植株比较矮小，生育不良，结瓜小而少，

且常诱发土壤中某些病菌如镰刀菌属及丝核菌属等真菌的侵染，使根系加速腐烂。在中午气温较高时，地上部植株呈萎蔫状态；早晚气温较低或浇水充足时，萎蔫又暂时恢复正常，随着病情的发展，植株逐渐枯死。

图2-52　黄瓜根结线虫病根部症状

图2-53　苦瓜根结线虫病根部症状

2. 病原和发病条件

瓜类根结线虫病是由线形动物门根结线虫属线虫侵染引起的。线虫以卵在病株根内，随同病株残根在土壤中越冬，或以二龄幼虫在土壤中越冬。翌年在环境适宜时，越冬卵孵化为幼虫，而二龄幼虫继续发育。在田间主要依靠带虫土、病残体、农具携带传播，也可通过流水传播土中线虫，幼虫一般从嫩根部位侵入。幼虫侵入前，能作短距离移动，速度很慢，故该病不会在短期内大面积发生和流行。幼虫侵入后，能刺激根部细胞增生，形成根肿瘤。幼虫在肿瘤内发育至三龄时开始分化，四龄时性成熟，雌、雄虫体各异，雌、雄虫交尾产卵。雄虫交尾后进入土中死亡，卵在瘤内孵化，一龄幼虫出卵并进入土中，进行侵染和越冬，或以卵在病根和土壤中越冬。根结线虫主要分布在20厘米表土层，3～10厘米最多，土温20～30℃，湿度40%～70%条件下，线虫繁殖快，为害严重。地势高燥、疏松、透气的沙质土壤发病重；碱性或酸性土壤不利于发病；土壤潮湿、黏重时，发病轻或不发病。如果土壤墒情适中，通透气又好，线虫可以反复为害。重茬次数较多的田块发病重。

3.防治措施

（1）*物理防治*。①高温消毒是一种简便易行的方法。夏季高温时，在田闲空隙，利用强光、高温对土壤进行消毒。即深耕灌水后在土表覆盖农用塑料薄膜，密闭闷地7～10天，能杀死土壤中95%以上的根结线虫。②轮作在防治根结线虫病上也是一种常用方法。根结线虫寄主范围特别广，除葱、蒜等少数几种作物外几乎可以侵染所有其他蔬菜作物。大田中感病蔬菜采用与大葱、大蒜、韭菜等作物轮作，以减少土壤中根结线虫虫口密度，有效控制病害的发生。③深翻对根结线虫防治也具有一定的作用。根结线虫多分布在5～20厘米的土层内，病原线虫活动性不强，土层越深透气性越差，不适宜线虫生存，所以深翻土壤可有效地杀灭根结线虫。此外，对大棚或菜园及时进行清理，清除病根、病株、病残体等对根结线虫的防治也具有非常重要的作用。在病田中使用过的农具应及时擦拭和消毒，以防止根结线虫病的传播蔓延。

（2）*化学防治*。目前在蔬菜上使用较多的化学杀线虫剂有噻

唑膦、威百亩等。黄瓜等作物可用10%噻唑膦颗粒剂在作物定植前用2.25～3.00千克/公顷撒施于土壤。

（3）生物防治。可用0.5%阿维菌素颗粒剂225.0～262.5克/公顷进行沟施或穴施。

十六、黄瓜苗“戴帽”

1. 症状识别

在黄瓜育苗出土时，经常遇到有种皮夹在子叶上而不脱落的情况，俗称“戴帽”。由于子叶被种皮夹住不易张开，致使光合作用受到影响，造成幼苗生长不良而形成弱苗、小苗；重者子叶烂掉，幼苗因饥饿而死亡（图2-54）。

图2-54　黄瓜苗“戴帽”症状

2. 病因

（1）种子质量不好，如使用成熟度差或陈种子，以及种子在贮藏过程中受潮，这些种子由于生活力弱，出土时无力脱壳。

（2）苗床底水不足，种子尚未出土，表土已变干，种皮干燥变硬，夹住了叶而不易脱落。或是播种过浅，覆土过薄，进而造成表土失水过快，床土过干。

(3) 种子竖直插入土中，种子上部接触的土壤面积减少，经受的土壤压力小，种子出土过程中吸水不均匀，易出现“戴帽”。

(4) 幼苗刚一出土即撤掉塑料薄膜，或在晴天中午撤掉塑料棚膜，种皮在脱落前变干，致使种皮不能顺利脱落。

3. 防治措施

(1) 精选种子。挑选粒大饱满无虫的种子。

(2) 播前浇足底水。播后用覆盖不宜过干，厚度要适宜、均匀，一般一立指即可，不可过薄。

(3) 育苗床保湿。育苗床加盖塑料薄膜或草帘进行保湿，使种子发芽到出苗期间保持湿润状态。多数种子顶土出苗时，如苗床过干可用喷壶喷洒清水，出现表土过薄时加盖少许湿润细土。

(4) 人工“摘帽”。幼苗发生“戴帽”时，用喷壶先在幼苗上喷少许清水，在清晨种壳潮湿时人工辅助“摘帽”。注意不要在晴天中午阳光强烈时“摘帽”，以免灼伤子叶。

十七、黄瓜花“打顶”

1. 症状识别

在早春、秋延后或冬春茬栽培的黄瓜，苗期至结瓜初期常会出现植株顶端不形成心叶而是出现花抱头现象，生长点附近的节间缩短，生长点形成雌花和雄花间杂的花簇，开花幼瓜不长，也生出心叶，植株停止生长，影响黄瓜的产量和品质（图2-55）。

2. 病因

高温干旱，土壤缺水，或肥料过多而水分不足，或出现沤根，夜间温度低，根系受到伤害，吸收养分受阻，定植时伤根，缓苗时间过长，都会出现花打顶。

3. 防治措施

发生花打顶后首先要分析形成的原因，针对成因采取不同的防治方法。

图2-55　黄瓜花“打顶”

（1）对烧根引起的花打顶。应及时浇水，浇水后及时中耕，保持适宜的土壤水分，生产上浇水适时适量，不久即可恢复正常。

（2）对沤根出现花打顶。要停止浇水，及时中耕，棚室或露地温度要提高到10℃以上，必要时扒沟晒土，降低土壤含水量。摘除下部结成的小瓜，保秧促根，逐渐恢复正常发育后再转为平常管理。

（3）夜温过低时。要设法提高夜温，前半夜气温要求达到15℃，持续4～5小时，后半夜保持在10℃左右即可。

（4）对伤根造成的花打顶。采取地膜覆盖，中耕时尽量少伤根。追肥采用冲施液肥，避免挖坑引起伤根。

十八、黄瓜高温障碍

1. 症状识别

保护地栽培的黄瓜，进入4月以后，气温逐渐升高，在棚室放风不及时，或通风不畅的情况下，棚内超过40℃，时间一长即可造成危害。育苗期遇有高温，幼苗出现徒长，子叶小而下垂，有时会形成花打顶，真叶叶片大而薄，叶色变浅。成株期受害叶片出现1～2毫米近圆形的褪绿小斑点，后逐渐扩大，3～4天后叶片自上而下变为黄绿色，植株上部受害严重，甚至会停止生长（图2-56）。

图2-56　黄瓜高温障碍

2.病因

黄瓜在38℃高温，夜间高于25℃时生长受到抑制，代谢异常，叶片蒸腾过度，导致细胞脱水，呼吸消耗大于光合积累，就要消耗储存在植株内的营养物质，植株处于饥饿状态，呈现生长紊乱现象，势必坐果率低，容易化瓜，出现大头瓜。越夏大棚温度过高时叶片会灼伤，叶缘干枯，植株出现黄化、萎蔫、卷叶、裂瓜现象。

3.防治措施

（1）选用抗热、耐强光品种。如中研耐高温露地系列、津优408等。

（2）降温通风。露地栽培注意晴天暴雨后的涝浇园处理，避免雨后突然放晴的高温烤秧，灼叶。设施栽培注意风口加大透气，遮阴降温。使用遮阳网是最好的防范措施。棚室喷水降温效果不错，但注意防止病害发生。

十九、黄瓜低温障碍

1. 症状识别

黄瓜在生长发育过程中，遇到低于其生育适温时间持续长或短期低温的影响，都会使黄瓜发生生理障碍，造成生长发育延迟，有时甚至发展成冷害，短时间内叶片结冰，植株虽能恢复生长但造成减产。长期的连续低温会引起多种症状。0℃以上的低温称寒害，植株表现叶面黄白、斑点、皱缩、卷曲变小、萎蔫。0℃以下低温称冻害，植株萎蔫枯死（图2-57）。

图2-57　黄瓜低温障碍

2. 病因

主要是由于长时间的低温造成植株的各种生理机能降低，如光合作用减弱、呼吸强度下降，根系对矿物质营养吸收能力降低，养分运转速度减慢，生理功能失调，生殖生长受抑制等。

3. 防治措施

（1）选用幼苗生长快的耐低温品种。北方地区棚室生产可选用津春3号、新泰密刺、长春密刺等品种，并通过嫁接，提高抗寒能力。

（2）科学施肥且注意定植期。多施入充分腐熟的有机粗肥，科学地安排好播种期和定植期，春季定植时选择冷空气过后回暖的天气，寒流再次来时已缓苗。

（3）温度控制。播种后种子萌动时，棚室应保持25～30℃，出苗后白天保持25℃，夜间应高于15℃。当外界气温在17℃以上时，提早揭膜炼苗，低温锻炼同时采用干燥炼苗，但蹲苗不宜过度，否则会影响缓苗和正常发育。

（4）采取有效的保温防冻措施。棚膜选用无滴膜，棚内地膜覆盖，发生寒流时，可加盖纸被，室内可临时生火加温。在寒流侵袭之前喷植物抗寒剂，每亩喷100～200毫升。

（5）缓慢升温措施。当气温过低已发生冻害后，要采用缓慢升温措施，使黄瓜的机能慢慢地恢复，不能操之过急。

二十、化瓜

化瓜常见于黄瓜、瓠瓜、丝瓜、西葫芦、南瓜、飞碟瓜、西瓜等瓜类蔬菜作物上。

1. 症状识别

花受精后没有膨大，最后干瘪干枯，或刚坐下的幼瓜在膨大过程中停止生长，由瓜尖到全瓜逐渐变黄、干瘪，最后干枯（图2-58）。

2. 病因

高温致使光合作用受阻，呼吸消耗骤增，造成营养不良化瓜。密度大，化瓜率高。长时间低温弱光，植物生长势弱，营养不良而化瓜。另外，温度突然下降，水肥过大，底部瓜采收不及时，病虫害为害叶片使得光合作用无法进行等也容易引起化瓜。

图2-58 黄瓜化瓜

3. 防治措施

(1) 对于高温引起的化瓜。在栽培中应加强放风管理，白天当温室温度高达25℃时便开始通风，夜间在温室温度不低于15℃的前提下，尽可能地延迟闭风时间。

(2) 对于密度过大引起的化瓜。根据品种确定合理的种植密度。

(3) 连续阴雨天低温引起的化瓜。菜区叶面喷肥，适当放风等措施，可以得到一定的缓解。

(4) 水肥引起的化瓜。在栽培上要合理浇水施肥，才能夺取高产。

(5) 底部瓜不及时采收引起的化瓜。应及时采收。

(6) 病虫害引起的化瓜。应及时搞好病虫害防治，以便获得较高的产量和经济效益。

二十一、畸形瓜

1. 症状识别

保护地栽培的黄瓜，尤其是生长后期所结的瓜条，经常会出现弯曲瓜、尖嘴瓜、细腰瓜、大肚瓜等畸形瓜条。在棚室西葫芦的栽培中，常常出现尖嘴、大肚、蜂腰、棱角等畸形瓜，不仅影响产量，而且严重降低西葫芦商品质量。西瓜栽培中常常出现扁平瓜、歪瓜、葫芦瓜等畸形果（图2-59和图2-60）。

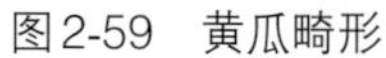

图2-59　黄瓜畸形

图2-60　丝瓜畸形

2. 病因

（1）黄瓜产生畸形瓜原因。弯曲瓜多与营养不良、植株细弱有关，尤其在高温或昼夜温差过大、过小，光照少的条件下易发生；有时水分供应不当，结瓜前期水分正常，后期水分供应不足，或病虫为害，均可形成弯曲瓜。单性结实力低的品种受精不良时形成尖嘴瓜，单性结实力强的品种不经授粉在营养条件好的情况下能发育成正常瓜，否则会形成尖嘴瓜。由于营养和水分供应不均衡造成，同化物质积累不均匀，就会出现细腰瓜。雌花受粉不充分，受粉的先端肥大，而由于营养不足，水分不均，中间及基部发育迟缓而造成大肚瓜。

（2）西葫芦产生畸形瓜原因。不受精或土壤干旱，盐类溶液浓度障碍，吸收养分，水分和光照不足等易形成尖嘴瓜。植株衰弱，遭受病害，受精不完全易形成大肚瓜。缺钾、生育波动等原因易形成蜂腰瓜。

（3）西瓜产生畸形瓜原因。西瓜花芽分化期或果实发育过程中，受精不良或遇到不良气候条件和栽培技术不当容易形成畸形果。

3. 防治措施

(1) 及时摘除。发现畸形瓜时及早摘除，以降低营养消耗。

(2) 避免发生生理干旱。注意棚室内温、湿度的调节，肥水供应要及时均衡，避免发生生理干旱现象。

(3) 喷施植物调节剂。叶面多喷洒一些植物调节剂，如绿风95等。

第三章 瓜类蔬菜主要虫害的识别与防控

一、蝼蛄

常见种类有东方蝼蛄和华北蝼蛄，各地均有发生，为害蔬菜及各类作物播下的种子和幼苗。

1. 田间诊断

主要以成虫和若虫咬食刚萌发的种子、瓜苗的幼根和嫩茎，受害的根部呈乱麻状，同时由于成虫和若虫在土下活动开掘隧道，使苗根和土分离，造成幼苗干枯死亡，致使苗床缺苗断垄。

（1）**华北蝼蛄**。雌成虫体长45～50毫米，雄成虫体长39～45毫米。形似非洲蝼蛄，但体黄褐至暗褐色，前胸背板中央有1个心脏形红色斑点。后足胫节背侧内缘有刺1个或消失。腹部近圆筒形，背面黑褐色，腹面黄褐色，尾须长约为体长的1/2（图3-1）。

（2）**东方蝼蛄**。雌成虫体长31～35毫米；雄成虫体长30～32毫米。体浅茶褐色，腹部色浅，全身密布细毛。头小，圆锥形。触角丝状。复眼红褐色，很小，突出。前胸背板卵圆形，中央具1

个明显的长心脏形凹陷斑。前翅短小，鳞片状；后翅宽阔，纵褶成尾状，较长，超过腹末端。腹末有1对尾须。前足开掘足，后足胫节背侧内缘有距3～4根（图3-2）。

图3-1　华北蝼蛄成虫

图3-2　东方蝼蛄成虫

2. 发生规律及习性

东方蝼蛄在华中、长江流域及其以南各省每年发生1代，华北、东北、西北2年左右完成1代，陕西南部约1年1代，陕北和关中1～2年1代。华北蝼蛄约3年1代。蝼蛄为胎生繁殖，离开母体即可自由活动取食，取食后体壁颜色变深，身体增大。隔一段时间需钻入土中蜕皮，幼虫孵化后多随雌成虫群集在一起，多发生在阴暗潮湿处，对圈肥及腐草有趋性，有负趋性及假死性，受惊后立即蜷缩成“西瓜”状。

3. 预测预报

（1）目测查虫。在蝼蛄春、秋两季活动初期(春、秋播前)，选择代表不同地势、土质、茬口等地块，在下雨后或浇地后，或在上午10:00前，用棋盘式或Z形取样法进行10点取样，每样点为1米^2，根据华北蝼蛄于地面呈现10厘米左右的新鲜虚土隧道和东方蝼蛄在洞顶拱起1小堆新鲜虚土的特征，调查和记载蝼蛄隧道数，逐项记入调查表中。地表有2条蝼蛄新隧道就有1头蝼蛄。隧

道宽度在3厘米以下的多为若虫，在3厘米以上的多为成虫，有的成虫（华北蝼蛄）隧道宽达5.5厘米。

（2）田间被害调查。调查方法是在作物出苗与定苗后各调查1次。调查时选有代表性的地块，每块地检查10点，每点1行查20株。记载调查结果。

（3）黑光灯诱测。利用蝼蛄成虫在夜间有趋光的习性，用黑光灯进行诱测。灯光诱测的标准规格是一台40瓦交流黑光灯。天黑前开灯，天亮后关灯，记载每日灯下诱虫数量。

（4）发生程度预报。当田间调查蝼蛄数量低于3 000头/公顷时为轻发生，3 000～5 000头/公顷为中等发生，5 000头/公顷以上为严重发生。

4.防治适期

当田间蝼蛄数量达到3 000头/公顷以上时应及时采取防治措施。

5.防治措施

（1）农业防治。①改进耕作栽培制度：春、秋耕翻土壤，实行精耕细作。②合理施肥：施用厩肥、堆肥等有机肥料要充分腐熟，施入土壤内。

（2）物理防治。①诱杀：蝼蛄的趋光性很强，在羽化期间，19:00～21:00时可用灯光诱杀；或在苗圃步道间每隔 20米左右挖一小坑，将马粪或带水的鲜草放入坑内诱集，再加上毒饵更好，次日清晨可到坑内集中捕杀。②人工捕捉：结合田间操作，发现有新拱起的隧道时，可人工挖洞捕杀。

（3）化学防治。作苗床(垄)时用40%乐果乳油或90%的敌百虫晶体0.5千克加水5千克拌饵料50千克，傍晚时将毒饵均匀撒在苗床上诱杀；饵料可用多汁的鲜菜、鲜草以及蝼蛄喜食的块根和块茎，或炒香的麦麸、豆饼和煮熟的谷子等。用25% 甲萘威粉剂100～150克与25克细土均匀拌和，撒于土表再翻入土下毒杀。

二、金龟子

金龟子的幼虫又叫蛴螬。常见的种类有华北大黑鳃金龟、暗黑鳃金龟和铜绿丽金龟。

1.田间诊断

成虫主要取食瓜叶，一般发生较少。主要以幼虫为害。瓜株幼苗期，幼虫（蛴螬）在地下咬断根、茎，造成缺苗断垄。瓜成株期间受害，轻者根系损伤，造成地上部生长衰弱，严重时引起植株萎蔫枯死。

（1）暗黑鳃金龟。

成虫：体长16～22毫米，体宽7.8～11.5毫米，黑色或黑褐色，无光泽，被黑色绒毛，腹部背板青蓝色丝绒状（图3-3）。

幼虫：体长35～45毫米，头前顶刚毛每侧1根，胸腹部乳白色，臀节腹面有钩状刚毛，呈三角形分布。

（2）华北大黑鳃金龟。

成虫：长椭圆形，体长 21～23毫米、宽11～12毫米，黑色或黑褐色有光泽。胸、腹部生有黄色长毛，前胸背板宽为长的2倍，前缘钝角、后缘角几乎成直角。每鞘翅3条隆线。前足胫节外侧3齿，中后足胫节末端2距。雄虫末节腹面中央凹陷、雌虫隆起（图3-4）。

幼虫：体长35～45毫米，前体刚毛每侧3根，肛门孔3射裂缝状，前方着生一群扁而尖端成钩状的刚毛，并向前延伸到肛腹片后部1/3处。

（3）铜绿丽金龟。

成虫：体长19～21毫米，宽9～10毫米。体背铜绿色，有光泽。前胸背板两侧为黄绿色，鞘翅铜绿色，有3条隆起的纵纹（图3-5）。

幼虫：长约40毫米，头黄褐色，体乳白色，身体弯曲呈C形（图3-6）。

图3-3 暗黑鳃金龟成虫

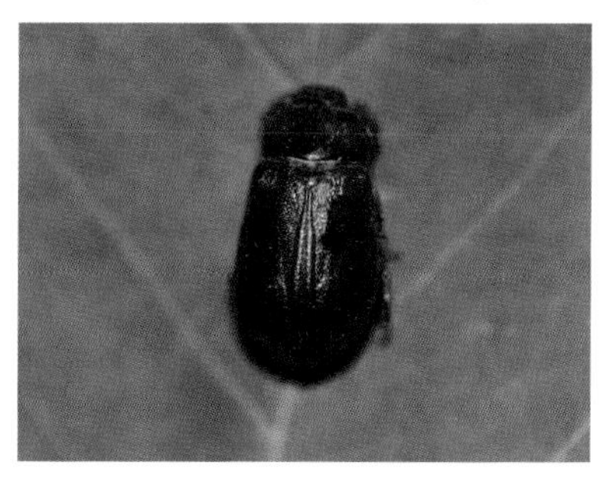

图3-4 华北大黑鳃金龟成虫

图3-5 铜绿丽金龟成虫

图3-6 铜绿丽金龟幼虫

2. 发生规律及习性

华北大黑鳃金龟西北、东北和华东2年1代，华中及江浙等地1年1代，以成虫或幼虫越冬。暗黑鳃金龟每年1代，绝大部分以幼虫越冬，但也有以成虫越冬的，其比例各地不同。铜绿丽金龟在北方1年发生1代，以老熟幼虫越冬。成虫昼伏夜出，具有群集性，趋光性强，飞翔能力强，具有假死习性，遇惊则坠地。

3. 预测预报

（1）目测查虫。调查时间从土壤解冻开始至越冬前结束。设标准地3块，每块标准地面积0.07～0.20公顷。随机挖取3～5个1米^{2}土壤样方，观察记录蛴螬数量，土壤深度以40厘米为宜。

（2）田间被害调查。观察瓜类蔬菜的茎叶上是否有取食造成的缺刻，以及有无活动虫体来判断有无害虫。发现有害虫发生时，设置标准地进行详细调查，标准地面积0.07～0.20公顷（根据作物数量而定，标准地内作物数量不少于50株），调查内容主要有受害寄主、被害株率、虫口密度等。

(3) 在监测调查的基础上，采用黑光灯诱捕方法对金龟成虫发生量进行测报，记载每日灯下诱虫数量。

4.防治适期

根据预测预报结果，确定防治适期。

5.防治措施

(1) 农业防治。①对蛴螬严重的地块在深秋或初冬翻耕土地，使其被冻死、风干或被天敌咬死、寄生等，一般可压低虫量15%～30%，明显减轻第二年为害。②合理安排轮作，避免前茬为豆类，花生、甘薯和玉米的地块，常会引起蛴螬的严重为害，这与成虫的取食与活动有关。③避免施用未腐熟的厩肥，因其成虫对未腐熟的厩肥有强烈趋性，常将卵产于其内，如施入田间，则带进大量虫源，而施用腐熟的有机肥可改良土壤透气性和透水性，使作物根系发育快，苗齐苗壮，增强抗虫性，并且由于蛴螬喜食腐熟的有机肥，因此，可减轻其对作物的为害。④合理使用化肥。碳酸氢铵、腐植酸铵、氨水等散发出的氨气对蛴螬等地下害虫有一定的驱避作用。⑤合理灌溉，蛴螬发育最适宜的土壤含水量为15%～20%，因此，在蛴螬发生区，在不影响作物生长发育的前提下，对于灌溉要合理加以控制。

(2) 物理防治。根据金龟子的趋光性，在田间安放黑光灯或佳多牌杀虫灯进行诱杀。

(3) 生物防治。用100亿个/克青虫菌粉剂1份加干细土20份播种时穴施，可兼灭地老虎等；幼虫为害幼苗时，撒施于根际周围。

(4) 化学防治。①土壤施药：用5%辛硫磷颗粒剂，每667米^2 2.5～3千克，制成毒土，顺垄撒施，浅锄覆土。②药液灌根：用

40%氧化乐果800倍液、50%辛硫磷乳油1 500倍液，灌根，毒杀幼虫。③防治成虫：在田间发生成虫为害时，在菜田中或菜田周围低矮的豆科植物上，喷药消灭金龟成虫，可使用10%吡虫啉可湿性粉剂3 000倍液、10%氯氰菊酯乳油1 500倍液、40%毒死蜱乳油1 000倍液等。

三、金针虫

金针虫是鞘翅目、叩头甲科幼虫的统称，是我国的重要地下害虫。常见的种类有沟金针虫和细胸金针虫。为害各类蔬菜播下的种子、幼苗。

1. 田间诊断

主要以幼虫为害。幼虫潜伏于瓜穴的有机肥内，后钻入瓜苗根部及接近地表的瓜茎蛀食为害，使瓜苗地上部分萎蔫死亡，造成缺苗断垄；为害侧根和须根，影响瓜苗发育，其为害所造成的伤口是枯萎病菌侵入的重要途径。

（1）沟金针虫。

成虫：雌成虫体长16～17毫米，宽4～5毫米，雄虫长14～18毫米，宽3.5毫米，雄体瘦窄，背扁平。体红棕至棕褐色，前胸和鞘翅盘区色较暗。全体密被金黄色短毛。雌虫触角略呈锯齿状，伸达鞘翅基部。后翅退化。雄虫触角线形，达鞘翅末端，足较细长（图3-7）。

图3-7 沟金针虫成虫

幼虫：初孵时长约2毫米，乳白色，老龄幼虫体长20～30毫米，宽3～4毫米，黄色，前头和口器暗褐色，头扁平，上唇呈三叉状突起；自胸至第10腹节背中有1条细纵沟。尾端分叉并稍上翘，叉内侧各有1个小齿（图3-8）。

图3-8　沟金针虫幼虫

（2）细胸金针虫。

成虫：体长8～9毫米，宽2.5毫米。栗褐色，被黄褐色细短毛。前胸背板略成圆形，后缘角伸向后方，突出如刺。

幼虫：老熟幼虫体长约32毫米，宽约1.5毫米，细长圆筒形，淡黄色，光亮，头部扁平，第1胸节较第2、3节稍短，1～8节腹节略等长。尾节圆锥形，尖端为红褐色小突起，背面近前缘两侧各有褐色圆斑1个，并有4条褐色纵纹（图3-9）。

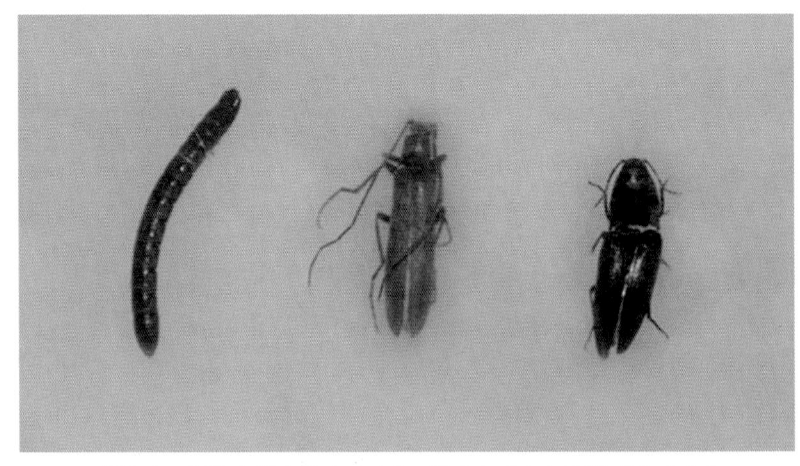

图3-9　细胸金针虫幼虫（左）、雄成虫（中）和雌成虫（右）

2. 发生规律及习性

金针虫的生活史很长，常需2～5年才能完成1代，以各龄幼虫或成虫在15～85厘米的土层中越冬。在整个生活史中，以幼虫期最长。细胸金针虫陕西关中大多2年完成1代，甘肃武威、内蒙古、黑龙江等地大多3年完成1代。世代重叠，多态现象明显。成虫昼伏夜出，有强叩头反跳能力和假死性，略具趋光性，并对新鲜而略萎蔫的杂草及作物枯枝落叶等腐烂发酵气味有极强的趋性，常群集于草堆下，故可利用此习性进行堆草诱杀。成虫夜晚取食。沟金针虫一般3年完成1代，少数2年、4～5年完成1代。成虫昼伏夜出，白天潜伏在田边杂草中和土块下。雄虫不取食，善飞，有趋光性；雌虫偶尔咬食，无后翅，不能飞翔，行动迟缓，只在地面或苗上爬行，使其扩散蔓延速度受到很大限制。

3. 预测预报

每年春播期或秋季收获后至结冻前，选择有代表性地块，按不同土质、地势、茬口、水浇地、旱地分别进行挖土取样调查，采用平行线或棋盘式10点随机取样法，每点50厘米×50厘米、深30～60厘米。当虫口密度大于3头/米^{2}时，应确定为防治田块。

4. 防治适期

当田间调查金针虫数量达45 000头/公顷时应采取化学防治措施。

5. 防治措施

（1）农业防治。在金针虫活动盛期，进行瓜田灌溉，可使其潜入土壤下层，减轻受害。结合田间管理，发现受害苗时，挖土捉虫捕杀。

（2）化学防治。用40％毒死蜱100倍进行拌种。苗期可用40％毒死蜱1 500倍或40％辛硫磷500倍与适量炒熟的麦麸或豆饼混合制成毒饵，于傍晚明顺垄撒入瓜床，利用地下害虫昼伏夜出的习性，即可将其杀死。

四、地老虎

常见的种类有小地老虎和黄地老虎。常为害各种蔬菜和农作物的幼苗。各地均有发生。

1. 田间诊断

它们以一至二龄幼虫将幼苗从茎基部咬断，主茎硬化可爬到上部为害生长点，切断幼苗近地面的茎部，或咬食子叶、嫩叶，常造成缺苗断垄（图3-10）。

图3-10　茎基部被害状

（1）小地老虎

成虫：体长17～23毫米、翅展40～54毫米。头、胸部背面暗褐色，足褐色，前足胫、跗节外缘灰褐色，中后足各节末端有灰褐色环纹。前翅褐色，前缘区黑褐色，外缘以内多暗褐色；基线浅褐色，黑色波浪形内横线双线，黑色环纹内1个圆灰斑，肾状

纹黑色具黑边、其外中部1条楔形黑纹伸至外横线，中横线暗褐色波浪形，双线波浪形外横线褐色，不规则锯齿形亚外缘线灰色、其内缘在中脉间有3个尖齿，亚外缘线与外横线间在各脉上有小黑点。后翅灰白色，纵脉及缘线褐色，腹部背面灰色（图3-11）。

幼虫：圆筒形，老熟幼虫体长37～50毫米、宽5～6毫米。头部褐色，具黑褐色不规则网纹；体灰褐至暗褐色，体表粗糙、布大小不一而彼此分离的颗粒，腹部各节有4根毛片，前两个小，后两个大，梯形排列。背线、亚背线及气门线均黑褐色；前胸背板暗褐色，黄褐色臀板上具两条明显的深褐色纵带；胸足与腹足黄褐色（图3-12）。

图3-12　小地老虎幼虫

图3-11　小地老虎成虫

（2）黄地老虎。

成虫：体长14～19毫米，翅展32～43毫米，灰褐至黄褐色。额部具钝锥形突起，中央有一凹陷。前翅黄褐色，全面散布小褐点，各横线为双条曲线但多不明显，肾纹、环纹和剑纹明显，且围有黑褐色细边，其余部分为黄褐色；后翅灰白色，半透明（图3-13）。

图3-13　黄地老虎成虫

幼虫：体长33～45毫米，头部黄褐色，体淡黄褐色，体表颗粒不明显，体多皱纹而淡，臀板上有两块黄褐色大斑，中央断开，小黑点较多，腹部各节背面毛片，后两个比前两个稍大。

2. 发生规律及习性

小地老虎在我国各地均有发生，根据地域不同，一年可发生2～7代。黄地老虎一年可发生2～4代。成虫的趋光性和趋化性因虫种而不同。小地老虎、黄地老虎对黑光灯均有趋性；对糖酒醋液的趋性以小地老虎最强；黄地老虎则喜在大葱花蕊上取食作为补充营养。卵多产在土表、植物幼嫩茎叶上和枯草根际处，散产或堆产。三龄前的幼虫多在土表或植株上活动，昼夜取食叶片、心叶、嫩头、幼芽等部位，食量较小。三龄后分散入土，白天潜伏土中，夜间活动为害，常将作物幼苗齐地面处咬断，造成缺苗断垄。有自残现象。地老虎的越冬习性较复杂。黄地老虎以老熟幼虫在土下筑土室越冬。小地老虎越冬受温度因子限制：1月0℃（北纬33° 附近）等温线以北不能越冬；以南地区可有少量幼虫和蛹在当地越冬；而在四川则成虫、幼虫和蛹都可越冬。小地老虎具有迁飞性。

3. 预测预报

选择有代表性的菜地进行测报。灯诱成虫的测报灯应安装

在便于调查进出的田边，周边应避免有干扰的光源，每天记录调查诱捕成虫数、雌雄比；性诱成虫的诱蛾器应放在田中，用小地老虎专用性诱剂，在菜田设干式性诱剂诱捕器3只，各诱捕器间距100米左右，每只诱捕器内放1个诱芯，每30天更换1次性诱芯，逐日早上调查诱捕成虫数；糖酒醋混合液诱蛾应选在远离村庄的空旷地带进行，设置诱蛾盆3只（离上口约20厘米加盖防雨罩），离地面1米左右，各诱蛾盆之间相隔距离400～500米，每周调换1次糖醋液，每天早上调查隔日诱捕成虫数、区分雌雄蛾。

4. 防治适期

根据调查结果，确定防治适期。

5. 防治措施

（1）农业防治。除草灭虫，杂草是地老虎产卵的产所，也是幼虫向作物转移为害的桥梁。因此，春耕前进行精耕细作，或在初龄幼虫期铲除杂草，可消灭部分虫、卵。

（2）物理防治。①灯光诱杀成虫：结合黏虫用糖、醋、酒诱杀液或甘薯、胡萝卜等发酵液诱杀成虫。②糖醋液诱杀成虫：糖6份、醋3份、白酒1份、水10份、90%敌百虫1份调匀，或用泡菜水加适量农药，在成虫发生期设置，均有诱杀效果。③堆草诱杀幼虫：在瓜苗定植前，地老虎仅以田中杂草为食，因此，可选择地老虎喜食的灰菜、刺儿菜、苦荬菜、小旋花、苜蓿、艾蒿、青蒿、白茅、鹅儿草等杂草堆放诱集地老虎幼虫，或人工捕捉。

（3）化学防治。对不同龄期的幼虫，应采用不同的施药方法。一至三龄幼虫期抗药性差，且暴露在寄主植物或地面上，是药剂防治的适期。幼虫三龄前用喷雾，喷粉或撒毒土进行防治；三龄后，田间出现断苗，可用毒饵或毒草诱杀。喷洒40.7%毒死蜱乳油每667米^2 90～120克，对水50～60千克或2.5%溴氰菊酯乳油或20%氰戊菊酯乳油3 000倍液、20%菊·马乳油3 000倍液、10%溴·马乳油2 000倍液、90%敌百虫可溶性粉剂800倍液或50%辛硫磷乳油800倍液。

五、种蝇

种蝇幼虫又名根蛆或地蛆，是农业生产，特别是蔬菜生产中常发生性害虫。常见的种类有灰地种蝇和葱地种蝇。

1. 田间诊断

以幼虫在土中为害种子，取食胚乳或子叶，引起种芽畸形、腐烂而不能出苗；为害幼苗根茎部，造成萎凋和倒伏枯死，造成缺苗断垄，甚至毁种。并传播软腐病；为害留种株根部，引起根茎腐烂或枯死。

（1）*灰地种蝇*。

成虫：体长约5毫米，灰黄色。雄蝇两复眼几乎相接触，胸部背面有3条黑色纵纹，后足有1列稠密、弯曲的短毛，各腹节间有1条黑色横纹。雌蝇两复眼间距较宽，中足生有一根刚毛。前翅灰色透明，翅脉黑褐色（图3-14）。

幼虫：老熟幼虫体长7～8毫米，乳白色略带浅黄色；头退化，仅有1对黑色口钩。虫体前端细后端粗（图3-15）。

图3-14　灰地种蝇成虫

图3-15　灰地种蝇幼虫

（2）*葱地种蝇*。

成虫：前翅基背毛极短小，不及盾间沟后的背中毛的1/2部

分，雄蝇两复眼间额带最窄分比中单眼狭；后足胫节的内下方中央，为全胫节长的1/3～1/2部分，长具成列稀疏而大致等长的短毛。雌蝇中足胫节的外上方有2根刚毛（图3-16）。

幼虫：腹部末端有7对突起，各突起均不分叉，第1对高于第2对，第6对显著大于第5对（图3-17）。

图3-17　葱地种蝇幼虫

图3-16　葱地种蝇成虫

2. 发生规律及习性

灰地种蝇灰地种蝇在黑龙江省1年发生2～3代，辽宁3～4代，北京、山西3代，陕西4代，江西、湖南5～6代。在北方一般以蛹在土壤中越冬。成虫早晚隐蔽，喜在晴朗的白天活动，对花蜜、蜜露、腐烂有机物、糖醋的发酸味有趋性。施用的粪肥不腐熟或裸露在地表，可诱集大量成虫产卵。成虫产卵有趋湿性，多产在比较湿润的、有机肥料附近的土缝下。幼虫活动性很强，在土中能转换寄主为害。以瓜类、棉花、大白菜、豆类、韭菜和葱类受害最重。

葱地种蝇葱地种蝇在东北、内蒙古等地1年发生2～3代，在华北发生3～4代，山东、陕西3代，在北方各地均以滞育蛹在韭菜、葱、蒜根际附近5～10厘米深的土壤中越冬。成虫白天活动，10:00～14:00活动最盛，晴朗干燥时活跃，阴雨天活动较少。趋化性很强，对未腐熟的牲畜粪、饼肥、腐败的有机物和发酵霉味物以及葱、蒜腐败的气味有强烈的趋性。当施用的粪肥不腐熟，或粪肥裸露在地表，便可诱集大量成虫产卵。

3. 预测预报

调查种蝇类发生期，掌握最佳防治时期是防治种蝇的关键，一般常用糖醋盆诱集法进行调查。利用种蝇类成虫的趋化性，在成虫发生期，每块地设置1～2个糖醋盆（口径33厘米），盆内先放入少许锯末，然后倒入适量诱剂（诱剂配方是红糖：醋：水＝1：1：2.5，并加入少量敌百虫拌匀），加盖，盆距地面15～20厘米。每天在成虫活动时间开盖，及时检查诱集虫数和雌雄比，并注意补充和更换诱剂。

4. 防治适期

当盆内诱蝇数量突增或雌雄比接近1：1时，是成虫发生盛期，应在5～10天内立即防治。

5. 防治措施

（1）*农业防治*。①使用充分腐熟的有机肥，要均匀、深施，最好做底肥，种子与肥料要隔开，也可以在粪肥上覆一层毒土。②在种蝇已发生的地块，要勤灌溉，必要时可大水漫灌，能阻止种蝇产卵、抑制种蝇活动及淹死部分幼虫。

（2）*物理防治*。用糖醋液（红糖20克、醋20毫升、水50毫升混合）或5%红糖水可以诱集种蝇成虫。

（3）*化学防治*。①在成虫发生期，用5%氟虫脲可分散液剂1 500倍液、10%溴虫腈悬浮剂1 500倍液、21%增效氰·马乳油2 000倍液、2.5%溴氰菊酯3 000倍液，隔7天1次，连喷2～3次。②已经发生幼虫的菜田可用48%毒·辛乳油（地蛆灵）1 500倍液、50%辛硫磷乳油800倍液、48%毒死蜱乳油1 500倍液顺水浇灌或落株，第一次用药后，每隔7天再用2次。

六、瓜蚜

瓜蚜也叫棉蚜，具多食性，主要为害瓜类，还为害茄科、豆科、十字花科、菊科等蔬菜，各地均有分布。

1.田间诊断

成虫和若虫多群集在叶背、嫩茎和嫩梢刺吸汁液。梢受害，叶片卷缩，生长点枯死，严重时在瓜苗期能造成整株枯死。成长叶受害，干枯死亡。蚜虫为害还可引起煤烟病，影响光合作用，更重要的是可传播病毒病，植株出现花叶、畸形、矮化等症状，受害株早衰（图3-18至图3-20）。

无翅雌蚜体长1.5～1.9毫米，绿色，体表常有霉状薄蜡粉。雄蚜体长1.3～1.9毫米，狭长卵形，有翅，绿色、灰黄色或赤褐色。有翅胎生雌蚜体长1.2～1.9毫米，有翅2对，黄色、浅绿色或深绿色，头胸大部为黑色（图3-21）。若蚜形如成蚜，复眼红色，体被蜡粉，有翅若蚜二龄现翅芽（图3-22）。

图3-18 瓜蚜为害黄瓜叶片

图3-19　瓜　蚜

图3-20　瓜蚜为害瓠瓜叶片

图3-21　瓜蚜有翅成蚜

图3-22　瓜蚜若蚜

2. 发生规律及习性

华北地区年发生10余代，长江流域20～30代，以卵在越冬寄主上或以成蚜、若蚜在温室内蔬菜上越冬或继续繁殖。春季气温达6℃以上开始活动，在越冬寄主上繁殖2～3代后，于4月底产生有翅蚜迁飞到露地蔬菜上繁殖为害，直至秋末冬初又产生有翅蚜迁入保护地，可产生雄蚜与雌蚜交配产卵越冬。春、秋季10余天完成1代，夏季4～5天1代，每雌可产若蚜60余头。繁殖的适温为16～20℃，北方超过25℃、南方超过27℃、相对湿度达75%以上，不利于瓜蚜繁殖。北方露地以6～7月中旬虫口密度最大，为害最重。7月中旬以后，因高温、高湿和降雨冲刷，不利于瓜蚜生长发育，为害程度也减轻。通常，窝风地受害重于通风地。密度大或营养条件恶化时，产生大量有翅蚜并迁飞扩散。

3. 预测预报

（1）田间蚜量消长调查。春季从3月上旬开始，调查至6月下旬；秋季从8月初开始，调查至11月下旬。选择当地有代表性的不同类型的蔬菜田各1～2块，采用5点取样法，每点调查10～20株。蚜量上升后，每点调查1～2株。每3天调查1次，记录蚜虫数量，并计算蚜株率、百株蚜量等。另外，在3月春菜尚未种植的地方，可在越冬菜和留种菜上采用同样的方法调查蚜虫的数量动态。换茬以后，应注意记录方法同上。

（2）普查。根据蚜虫发生及作物生长情况，决定是否需要普查以及普查次数。一般在蚜虫始盛期（有蚜株率达10 %），选择10块以上有代表性的类型田进行普查。每块田取5～10个点，每点取2株，每田调查10～20株，调查有蚜株率、百株蚜量（分有翅蚜和无翅蚜量）。

4. 防治适期

当蔬菜秧苗的有蚜株率达10%～15%时，或每株平均有蚜株10头以上时，或移栽定植后有蚜株率达25%时，且气温在12℃以上，1周无中等以上降雨，即可作出防治适期预报。

5. 防治措施

（1）农业防治。蚜虫以卵在木本植物枝条上和一些杂草基部越冬，翌年3～4月孵化，就地繁殖几代后迁飞至西瓜田为害，提早将瓜田周围杂草清除干净，或喷药灭蚜。

（2）物理防治。①设置防虫网：保护地提倡采用24～30目、丝径0.18毫米的银灰色防虫网，防治瓜蚜，兼治瓜绢螟、白粉虱等其他害虫。②采用黄板诱杀：用1种不干胶或机油，涂在黄色塑料板上，黏住蚜虫、白粉虱、斑潜蝇等，可减轻受害。

（3）生物防治。①人工释放七星瓢虫：于瓜蚜发生初期，每667米^{2}释放1 500头于瓜株上，控制蚜量上升。②施用生物农药：于瓜蚜点片发生时，喷洒1%苦参碱2号可溶性液剂1 200倍液、0.3%苦参碱杀虫剂纳米技术改进型2 200倍液、99.1%敌死虫乳油300倍液、0.5%印楝素乳油800倍液。

(4) 药剂防治。首选3%啶虫脒乳油1 500倍液或10%吡虫啉可湿性粉剂2 000倍液、26%吡·敌畏乳油1 000倍液、70%吡虫啉水分散粒剂10 000倍液、20%吡虫啉浓可溶剂4 000倍液、25%噻虫嗪水分散粒剂4 000倍液、20%氟杀乳油667米^{2}用药30毫升兑水喷雾。抗蚜威对菜蚜(桃蚜、萝卜蚜、甘蓝蚜)防效好，但对瓜蚜效果差。保护地可选用10%异丙威杀蚜烟剂，每667米^{2}36克。也可选用灭蚜粉尘剂，每667米^{2}1千克，用手摇喷粉器喷撒在瓜株上空，不要喷在瓜叶上。生产上蚜虫发生量大时，可在定植前2～3天喷洒幼苗，同时叫药液渗到土壤中。要求每平方米喷淋药液2升，也可直接向土中浇灌根部控制蚜虫、粉虱，持效期为20～30天。

七、黄条跳甲

黄条跳甲分类上属鞘翅目、叶甲科，包括黄曲条跳甲、黄直条跳甲、黄狭条跳甲和黄宽条跳甲4种。黄曲条跳甲最为常见。主要为害十字花科的白菜类、甘蓝类和萝卜等，也可加害茄果类、瓜类和豆类蔬菜。

1. 田间诊断

成虫取食叶片出现密集的椭圆形小孔，被害叶片老而带苦味(图3-23)；而幼虫在土中为害根部，咬食主根或侧根的皮层，形

图3-23　黄曲条跳甲取食甜瓜叶片

成不规则的条状疤痕，也可咬断须根，使幼苗地上部分萎蔫而死。该虫除直接为害菜株外，还可传播细菌性软腐病和黑腐病，造成更大的危害。

成虫：体长1.8～2.4毫米，体黑色有光泽。触角基部3节及足的跗节深褐色。前胸及鞘翅上有许多刻点，排列成纵行。鞘翅中央有1条黄色条纹，两端大，中央狭，外侧的中部凹曲很深，内侧中部直形，仅前后两端向内弯曲。后足腿节膨大，适于跳跃。雄虫比雌虫略小，触角第4、5节特别膨大粗壮。初羽化的成虫苍白色，翅上曲条与鞘翅的其他部分同色（图3-24）。

图3-24　黄曲条跳甲成虫

幼虫：老熟幼虫体长4毫米左右，长圆筒形，乳白色。胸足发达。头部、前胸盾片和腹末臀板呈淡褐色。

2. 发生规律及习性

在华北地区年发生4～5代，上海、江苏、浙江一带年发生6～7代，世代重叠。以成虫在茎叶、杂草中潜伏越冬，翌春气温10℃以上开始取食，温度升高食量增大，超过34℃则食量大减，对低温抵抗力亦强。广州地区成虫无明显越冬期，一年中以4～5月（第一代）为害最烈。成虫寿命可长达1年，善跳跃，遇惊扰即跳到地面或田边水沟，随即又飞回叶上取食。晴天中午高温烈日时(尤其夏季)多隐藏在叶背或土缝处，早晚出来为害。成虫具趋光性，对黑光灯尤为敏感。成虫产卵于泥土下的菜根上或其附近土粒上，孵出的幼虫生活于土中蛀食根表皮并蛀入根内。老熟后在土中作室化蛹。

3. 预测预报

（1）色诱成虫消长调查。调查时间从4月上旬至10月底。在主要生产基地，选择有代表性的茬口、主栽品种，区域生产面积至少应大于0.67公顷。在露地观察放置中黄色方型诱杀盆3只、盆间距离10米，在盆深2/3左右位置开5～8个2毫米直径的溢水孔，盆放在近地面，盆内盛清水至溢水孔，并加入少量敌百虫农药，防止已诱捕盆内的成虫再跳出诱虫盆，每日上午同一时间调查隔日的诱虫数并记录。

（2）田间虫情系统调查。调查时间为4月初至10月底。选早、中、晚茬(播种出苗后10天开始)类型田各1块，调查自然状态下的发生消长规律。采用5点取样法，每隔5天调查1次，每点取样10株，共调查取样50株，记录虫害株树、破叶率、成虫数等。

（3）普查。在跳甲发生盛期的5月上中旬至10月上旬。在各生长季节，选播种出苗后15天以上的主栽品种、主栽茬口的早、中、晚茬各种类型田各2块，总计田块数不少于10块。采用对角线5点取样法，每10天调查1次，每点取样20株，调查100株的有虫株率并记录。

4. 防治适期

成虫始盛期至高峰期。

5. 防治措施

（1）农业防治。黄条跳甲寄主范围窄，耐饥力差，怕干旱。避免十字花科蔬菜，特别是青菜类连作，越冬寄主田更不能连作青菜。不能轮作的田块，在前茬青菜收获后立即进行耕翻晒垡，待表土晒白后再播下熟青菜。

（2）化学防治。防治适期掌握在成虫尚未产卵时，重点在瓜类蔬菜苗期。①土壤处理：连作青菜在耕翻播种时，每667米^{2}均匀撒施5%辛硫磷颗粒剂2～3千克，可杀死幼虫和蛹，残效期在20天以上。②生长期防治：可用80%敌敌畏乳油或90%晶体敌百虫、50%杀螟腈乳油800～1 200倍液、鱼藤精800～1 200倍液、0.5%～1%鱼藤粉。每667米^2 50克兑水50千克喷雾，唯敌敌畏残

效期仅1天左右，若能两者混用则残效期可延长至3～4天。也可用40%速灭菊酯1 500倍液喷雾，发现幼虫为害根部，还可用药液浇灌。进行土壤处理的田块，若出苗后由邻近田块迁入成虫为害，可立即用80%敌敌畏喷杀。在4月中、下旬施用药剂消灭产卵前的越冬成虫，是控制全年发生为害的关键措施。由于越冬代成虫产卵量大，虫源田面积小，产卵前期又长，不仅有利于防治，而且对压低虫源基数，减少以后各代防治的压力起到显著的效果，还可兼治蚜虫、小地老虎等其他害虫。

八、黄守瓜

黄守瓜又称黄足黄守瓜、瓜守、黄虫、黄萤，属鞘翅目叶甲科，为害瓜类，尤喜南瓜、西瓜、黄瓜、蒲瓜等。为害我国瓜类的守瓜主要有3种，除黄守瓜外，另2种为黄足黑守瓜和黑足黑守瓜。

1.田间诊断

成虫、幼虫都能为害。成虫喜食瓜叶和花瓣（图3-25），还可为害南瓜幼苗皮层，咬断嫩茎和食害幼果。叶片被食后形成圆形缺刻，影响光合作用，瓜苗被害后，常带来毁灭性灾害；幼虫在地下专门取食瓜类根部，重者使植株萎蔫而死，也蛀入瓜的贴地部分，引起腐烂，丧失食用价值。凡早春气温上升早，成虫产卵期雨水多，发生为害期提前，当年为害可能就重。黏土或壤土由于保水性能好，适于成虫产卵和幼虫生长发育，受害也较

图3-25　黄守瓜为害丝瓜

沙土为重。连片早播早出土的瓜苗较迟播晚出土的受害重。

(1) 黄足黄守瓜。

成虫：体长7～8毫米。长椭圆形，全体橙黄或橙红色，有时略带棕色。上唇栗黑色。复眼、后胸和腹部腹面均呈黑色。触角丝状，约为体长的1/2，触角间隆起似脊。前胸背板宽约为长的2倍，中央有1个弯曲深横沟。鞘翅中部之后略膨阔，刻点细密，雌虫尾节臀板向后延伸，呈三角形突出，露在鞘翅外，尾节腹片末端呈角状凹缺；雄虫触角基节膨大如锥形，末端较钝，尾节腹片中叶长方形，背面为1个大深洼（图3-26）。

图3-26 黄足黄守瓜

幼虫：长约12毫米。初孵时为白色，以后头部变为棕色，胸、腹部为黄白色，前胸盾板黄色。各节生有不明显的肉瘤。腹部末节臀板长椭圆形，向后方伸出，上有圆圈状褐色斑纹，并有纵行凹纹4条。

(2) 黄足黑守瓜。

成虫：体长5.5～7毫米，宽3～4毫米，全身仅鞘翅、复眼和上额顶端黑色，其余部分均呈橙黄或橙红色（图3-27）。

卵：黄色，球形，表面有网状皱纹。

幼虫：黄褐色，胸部各节有明显瘤突，上生刚毛。

(3) 黑足黑守瓜。

成虫：体长5.5～7毫米，宽3.2～4毫米。全身极光亮；头部、前胸节和腹部橙黄至橙红色，上唇、鞘翅、中胸和后胸腹板、侧板以及各足均为黑色。小盾片栗色或栗黑色，狭三角形。约为体长的2/3，第3节较第4节短，前胸背板宽短于长的2倍。鞘翅具较强光泽。鞘翅两侧在基部后明显膨宽，基部略隆，翅面上具密细刻点。雌成虫末节腹板端部波状凹缘，雄成虫末节腹板中心纵

长方形（图3-28）。

图3-27　黄足黑守瓜

图3-28　黑足黑守瓜（摘自杜开书）

2.发生规律及习性

黄守瓜每年发生代数因地而异。我国北方每年发生1代；南京、武汉以年发生1代为主，部分2代；广东、广西2～4代；台湾3～4代。各地均以成虫越冬，常十几头或数十头群居在避风向阳的田埂土缝、杂草落叶或树皮缝隙内越冬。翌年春季温度达6℃时开始活动，10℃时全部出蛰，瓜苗出土前，先在其他寄主上取食，待瓜苗生出3～4片真叶后就转移到瓜苗上为害。成虫喜在温暖的晴天活动，一般以上午10时至下午3时活动最烈，阴雨天很少活动或不活动，取食叶片时，常以身体为半径旋转咬食，使叶片留下半环形的食痕或圆洞，成虫受惊后即飞离逃逸或假死，耐饥力很强，取食期可绝食10天而不死亡，有趋黄习性。雌虫交尾后1～2天开始产卵，常堆产或散产在靠近寄主根部或瓜下的土壤缝隙中。产卵时对土壤有一定的选择性，最喜产在湿润的壤土中，黏土次之，干燥沙土中不产卵。产卵多少与温湿度有关，20℃以上开始产卵，24℃为产卵盛期，此时，湿度愈高，产卵愈多，因此，雨后常出现产卵量激增。凡早春气温上升早，成虫产卵期雨水多，发生为害期提前，当年为害可能就重。黏土或壤土由于保水性能好，适于成虫产卵和幼虫生长发育，受害也较沙土为重。连片早播早出土的瓜苗较迟播晚出土的受害重。

3.防治措施

防治黄守瓜首先要抓住成虫期，可利用趋黄习性，用黄盆诱集，以便掌握发生期，及时进行防治；防治幼虫掌握在瓜苗初见萎蔫时及早施药，以尽快杀死幼虫。苗期受害影响较成株大，应列为重点防治时期。

（1）农业防治。苗期防黄守瓜保苗。在黄瓜7片真叶以前，采用网罩法罩住瓜类幼苗，待瓜苗长大后撤掉网罩。

（2）物理防治。①撒草木灰法：对幼小瓜苗在早上露水未干时，把草木灰撒在瓜苗上，能驱避黄守瓜成虫。②人工捕捉：于4月瓜苗小时于清晨露水未干、成虫不活跃时捕捉，也可在白天用捕虫网捕捉。③驱避产卵：进入5月中下旬瓜苗已长大，这时黄守瓜成虫开始在瓜株四周往根上产卵，于早上露水未干时在瓜株根际土面上铺一层草木灰或烟草粉、黑籽南瓜枝叶、艾蒿枝叶等，能驱避黄守瓜前来产卵，可减少对黄瓜为害。

（3）化学防治。①药驱法：把缠有纱布或棉球的木棍或竹棍蘸上稀释的农药，纱布棉球朝天插在瓜苗旁，高度与瓜苗一致，农药可用52.5%氯氰·毒死蜱20～30倍液驱虫效果好。②进入6～7月经常检查根部，发现有黄守瓜幼虫时，地上部萎蔫，或黄守瓜幼虫已钻入根内时，马上往根际喷淋或浇灌20%氰戊菊酯乳油3 000倍液或烟草水30倍浸出液、50%敌敌畏乳油1 000倍液、90%晶体敌百虫1 000倍液、3.5%氟腈·溴乳油1 500倍液、7.5%鱼藤酮乳油800倍液、10%高效氯氰菊酯乳油1 500倍液，交替使用，效果好。

九、瓜绢螟

瓜绢螟，又名瓜螟、瓜野螟。主要为害丝瓜、苦瓜、黄瓜、甜瓜、西瓜、冬瓜、番茄、茄子等蔬菜作物，是夏秋黄瓜上的主要害虫。

1. 田间诊断

幼龄幼虫在叶背啃食叶肉，被害部位呈白斑，三龄后吐丝将叶或嫩梢缀合，匿居其中取食，致使叶片穿孔或缺刻，严重时仅留叶脉（图3-29和图3-30）。幼虫常蛀入瓜内、花中或潜蛀瓜藤，影响产量和质量。

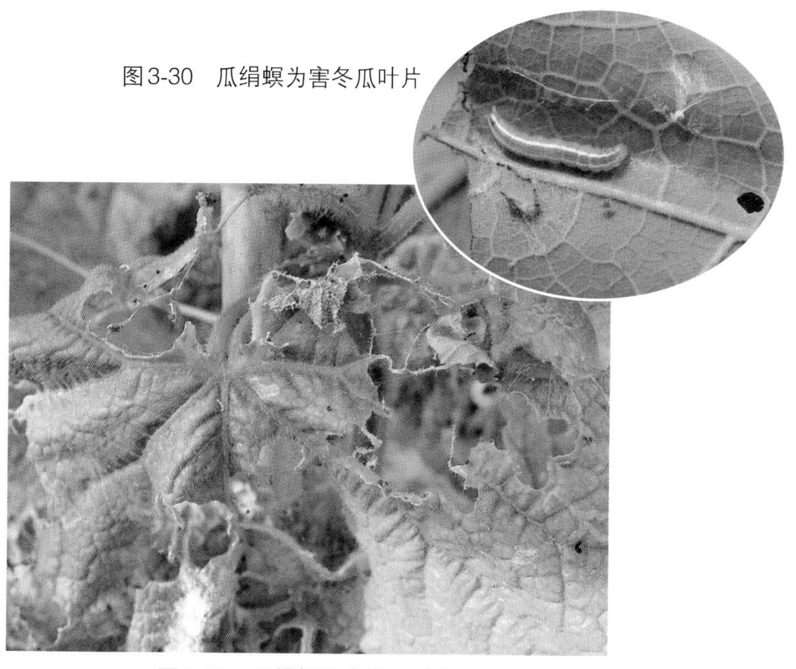

图3-30　瓜绢螟为害冬瓜叶片

图3-29　瓜绢螟为害黄瓜叶片

成虫：体长11毫米，头、胸黑色，腹部白色，第1、7、8节末端有黄褐色毛丛。前、后翅白色透明，略带紫色，前翅前缘和外缘、后翅外缘呈黑色宽带。卵扁平，椭圆形，淡黄色，表面有网纹（图3-31）。

幼虫：末龄幼虫体长23～26毫米，头部、前胸背板淡褐色，胸腹部草绿色，亚背线呈两条较宽的乳白色纵带，气门黑色（图3-32）。

图3-31　瓜绢螟成虫

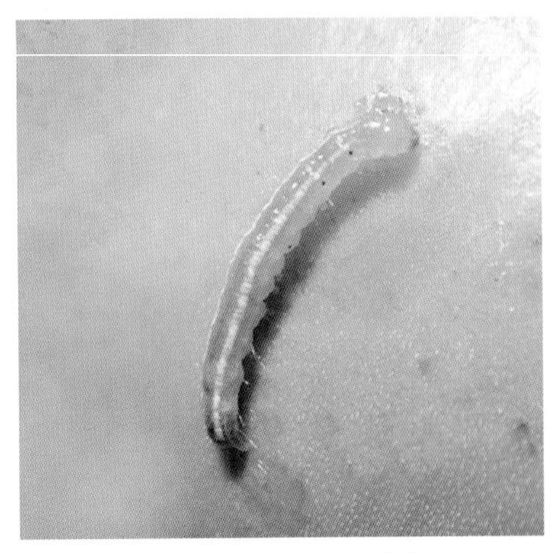

图3-32　瓜绢螟幼虫

2.发生规律及习性

在上海年发生5代左右，广东1年发生6代，以老熟幼虫或蛹在枯叶或表土越冬，第二年4月底羽化，5月幼虫为害。7～9月发生数量多，世代重叠，为害严重。11月后进入越冬期。成虫夜间活动，稍有趋光性，雌蛾在叶背产卵。幼虫三龄后卷叶取食，蛹化于卷叶或落叶中。夏秋闷热多雨的年份发生重。

3.预测预报

（1）*虫口密度调查*。8月中旬至9月下旬选黄瓜主栽品种类型田各2块，采用对角线5点取样法，每5天调查1次，每块田每次取样25～100片叶，调查虫株率及成虫、卵、幼虫和蛹数，计算百株虫量。

（2）*发育进度调查*。①卵发育进度。固定100粒以上卵，挂牌，每次观察后记卵孵化率。②幼虫发育进度调查。每次从田间均匀捉虫30～50头，分龄统计比例。

（3）*普查*。在发生盛期，选择几块有代表性的类型田进行普查。采用5点取样法，每点取10株，调查虫量等。

4.防治适期

防治适期为发现卵粒3天后或一至二龄幼虫或单株虫量达1～2头时。

5.防治措施

抓住幼虫盛孵期和卷叶前的有利时机进行喷药。

（1）农业防治。幼虫初发期摘除卷叶，集中处理，可消灭部分幼虫。瓜收获后，及时清理瓜地，消灭藏匿于枯藤落叶中的虫蛹，将枯藤落叶集中烧毁，可减少越冬虫口基数，减轻次年为害程度。

（2）物理防治。①提倡采用防虫网，防治瓜绢螟兼治黄守瓜。②加强瓜绢螟预测预报，采用性诱剂或黑光灯预测预报发生期和发生量。③架设频振式或微电脑自控灭虫灯，对瓜绢螟有效，还可减少蓟马、白粉虱的为害。

（3）生物防治。提倡用螟黄赤眼蜂防治瓜绢螟。此外在幼虫发生初期，及时摘除卷叶，置于天敌保护器中，使寄生蜂等天敌飞回大自然或瓜田中，但害虫留在保护器中，以集中消灭部分幼虫。

（4）药剂防治。近年瓜绢螟在南方周而复始不断发生，用药不当，致瓜绢螟对常用农药产生了严重抗药性，应引起各地注意。掌握在种群主体处在一至三龄时，选择喷洒30%杀铃·辛乳油1 200倍液、20%氰戊菊酯乳油2 000倍液，或5%氯氰菊酯乳油1 000倍液、1%阿维菌素乳油2 000倍液、6%烟碱·百部碱·印楝素乳油2 000倍液、24%甲氧虫酰肼乳油2 500倍液。

十、朱砂叶螨

朱砂叶螨又名棉红蜘蛛、棉叶螨、火烧等。在我国菜区均有分布，为害茄果、瓜类、豆类以及葱蒜等蔬菜，是重要害螨。

1.田间诊断

以成、若螨在叶背吸取汁液。茄子、辣椒叶片受害后，叶面初现灰白色小点，后变灰白色；四季豆、豇豆、瓜类叶片受害后，形成枯黄色细斑，严重时全叶干枯脱落，缩短结果期，影响产量。

成螨：雌成螨体长0.42～0.51毫米，宽0.26～0.33毫米。背面卵圆形。体色一般为深红色或锈红色。常可随寄主的种类而有变异。体躯的两侧有2块黑褐色长斑，从头部开端起延伸到腹部的后端，有时分为前后2块，前块略大。雄成螨体长0.37～0.42毫米，宽0.21～0.23毫米，雌螨小。体色为红色或橙红色。背面呈菱形，头胸部前端圆形。腹部末端稍尖（图3-33）。

图3-33　朱砂叶螨

卵：直径约0.13毫米。圆球形。初产时无色透明，变为淡黄至深黄色。孵化前呈微红色。

幼螨：体长约0.15毫米，宽约0.12毫米。体近圆形，色泽透明，取食后变暗绿色。足3对。

若螨：长约0.21毫米，宽约0.15毫米，足4对。雌成螨分前若螨和后若螨期，雄若螨无后若螨期，比雌若螨少蜕1次皮。

2. 发生规律及习性

朱砂叶螨发生代数随地区和气候差异而不同。北方一般发生

12～15代，长江中下游地区发生18～20代，华南可发生20代以上。长江中下游地区以成螨、部分若螨群集潜伏于向阳处的枯叶内、杂草根际及土块裂缝内过冬。温室、大棚内的蔬菜苗圃地也是重要越冬场所。越冬成螨和若螨多为雌螨。冬季气温较高，朱砂叶螨仍可取食活动，不断繁殖为害。早春温度上升到10℃时，朱砂叶螨开始大量繁殖。一般在3～4月，先在杂草或蚕豆、草莓等作物上取食，4月中下旬开始转移到瓜类、茄子、辣椒等蔬菜上为害。春季棚室由于温度较高，害螨发生早，初发生时由点片向四周扩散，先为害植物下部叶片，后向上部转移。成、若螨靠爬行、风雨及农事作业进行迁移扩散。朱砂叶螨以两性生殖为主，也可行孤雌生殖。卵散产，多产于叶背，1头雌螨可产卵50～100粒。不同温度下，各螨态的发育历期差异较大。在最适温度下，完成一代一般只要7～9天。高温低湿有利于繁殖。温度在25～28℃，相对湿度在30%～40%，产卵量、存活率最高。温度在20℃以下，相对湿度在80%以上，不利于朱砂叶螨繁殖；温度超过34℃，停止繁殖。早春温度回升快，朱砂叶螨活动早，繁殖快，蔬菜受害也较重。保护地栽培蔬菜由于温度高，发生早，因而为害也比露地蔬菜重。

3. 预测预报

（1）早春密度调查。在3月上、中、下旬的旬末，选避风向阳的越冬寄主作物2～3种，各调查10～20株(叶)。

（2）田间螨量消长动态调查。一般从4月中旬开始，选择当地有代表性的不同类型的主要寄主田各1～2块，每5天调查1次，采用对角线10点取样法，定田调查，每点调查10株，每株调查3片叶(上、中、下各1片)，记录有虫、卵情况，并计算出有虫株率和平均每叶虫量。

（3）普查。在定点调查的基础上，于叶螨类扩散期和盛发期选择不同寄主作物及有代表性的类型田进行普查。普查方法采用Z字形取样法，每块田取5～10个点，每点取5～10株，每株取3张叶片，调查有卵、虫量以及虫情普发率、黄叶发生密度。

4. 防治适期

根据田间定点调查情况，当田间红蜘蛛点片发生时，结合大田普查，一般株螨率15%或平均每叶有虫1～2头时的田块列为防治对象田，进行防治适期预报。

5. 防治措施

(1) 农业防治。清除棚室四周杂草，前茬收获后，及时清除残株败叶，用以沤肥或销毁。避免过于干旱，适时适量灌水，注意氮、磷、钾肥的配合。避免与其他寄主植物套作，减少寄主面积和数量。

(2) 生物防治。朱砂叶螨天敌很多，有应用价值的种类有瓢虫、草蛉、食螨瘿蚊、塔六点蓟马等。有条件的地方可以引进释放或田间保护利用。

(3) 化学防治。在瓜田点片发生阶段及时进行挑治，以免暴发为害。近几年由于连年使用有机磷农药，叶螨已产生了抗性，要经常轮换化学农药，或使用复配增效药剂和一些新型的特效药剂。目前防治效果较好的药剂有40%菊马乳油2 000～3 000倍液、20%复方浏阳霉素乳油1 000～1 200倍液、73%炔螨特乳油（克螨特）1 000倍液、5%噻螨酮（5%尼索朗）乳油3 000倍液、25%灭螨猛可湿性粉剂1 000～1 500倍液、1.8%阿维菌素（1.8%螨虫素）可湿性粉剂1 000倍液喷雾、50%苯丁锡（托尔克）乳油3 000倍液喷杀，效果也很好。

十一、茄二十八星瓢虫

茄二十八星瓢虫分布广泛，在我国各省区均有分布，主要为害瓜类蔬菜以及茄子、番茄、马铃薯等茄科蔬菜。

1. 田间诊断

以成虫和幼虫取食瓜叶叶肉，残留上表皮呈网状，被害叶仅残留上表皮，形成许多透明凹纹。后呈现褐斑，严重时全叶食尽（图3-34）。此外尚取食瓜果表面，受害部位变硬，带有苦味，影

图3-34　茄二十八星瓢虫危害丝瓜

响产量和质量。

成虫：体长6毫米，半球形，黄褐色，体表密生黄色细毛。前胸背板上有6个黑点，中间的两个常连成一个横斑；每个鞘翅上有14个黑斑，其中第二列4个黑斑呈一直线，是与马铃薯瓢虫的显著区别。

幼虫：末龄幼虫体长约7毫米，初龄淡黄色。后变白色；体表多枝刺，其基部有黑褐色环纹，枝刺白色（图3-35至图3-37）。

图3-35　茄二十八星瓢虫成虫

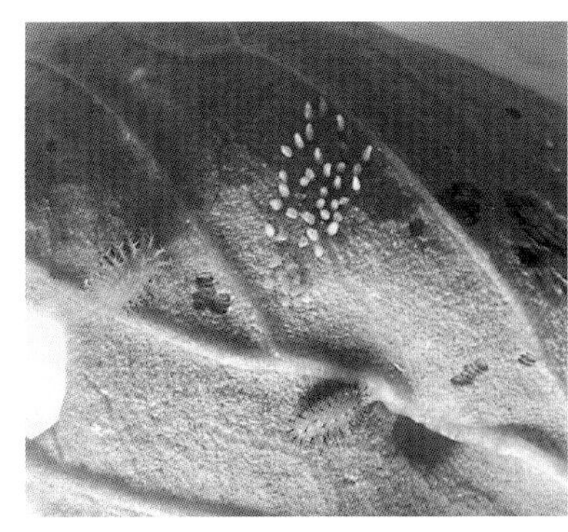

图3-36　茄二十八星瓢虫卵和若虫

图3-37　茄二十八星瓢虫为害状

2. 发生规律及习性

分布中国东部地区，但以长江以南发生为多。在上海、江苏、浙江等地年发生3～4代，在广东年发生5代，世代重叠，无越冬现象。以成虫在田边老树皮、杂草、松土、篱笆或壁缝等间隙中越冬。越冬代成虫常年始见于4月中下旬、5月中下旬，9月中下旬至10月上中旬逐步转入茄子田附近越冬场所。每年以5月发生数量最多，为害最重。成虫日出活动，有假死性和自相残杀特性。以晴天的上午10时到下午4时为活动盛期，进行取食、迁移、飞翔、交配、产卵等，阴雨天、大风天气时则很少活动。初孵幼虫群集为害，随后逐步分散为害，老熟幼虫常在为害处叶片或在枯叶中化蛹。

3. 预测预报

（1）*田间虫情消长调查。*调查时间从4月初至10月底。选取当地有代表性的不同类型的主栽品种类型田各2～3块。采用棋盘式跳跃取样法，每5天调查1次，每田定点25个，每点定株1株，

共取样25株，调查有虫株率、卵块、幼虫、蛹、成虫数以及果害率等。

（2）普查。调查时间在茄二十八星瓢虫发生盛期的5月下旬至9月下旬。选取当地主栽品种的各类型田2～3块，调查田块总数不少于10块。采用棋盘式跳跃取样法，每10天调查1次，每田定点25个，每点定株2株，共取样50株，调查株寄生率并记录结果。

4.防治适期

根据成虫始盛期、卵历期和一至二龄幼虫期综合确定防治适期。

5.防治措施

（1）农业防治。因地制宜选种抗虫品种。

（2）物理防治。①根据瓢虫产卵数十粒成块的特点，可人工采摘卵块。②利用成虫的假死习性，在成虫大量出现时，于0:00至16:00时，将成虫振落在滴有少量煤油的水盆中。③根据越冬代成虫群集越冬的习性，于冬季和早春在其越冬场所捕捉；于第二代成虫向越冬场所转移之前，在田间挖坑堆积砖石诱集成虫，入冬以后，翻开砖石搜集越冬瓢虫。

（3）化学防治。于越冬成虫发生期和第一代幼虫孵化盛期，喷药灭虫。可喷施下列浓度的农药：80%敌敌畏乳油1 000倍液、50%辛硫磷乳油1 500～2 000倍液、50%杀螟硫磷乳油1 000～1 500倍液、50%杀螟丹可溶性粉剂1 000～1 500倍液、5%定虫隆乳油2 000倍液、2.5%溴氰菊酯乳油5 000倍液、20%氰戊菊酯（20%杀灭菊酯）乳油2 000倍液、40%菊·马合剂乳油2 000倍液，每隔6～7天喷1次，共喷2～3次。

十二、棕榈蓟马

棕榈蓟马也称瓜蓟马、南黄蓟马。为害节瓜、冬瓜、西瓜、菠菜、枸杞、菜豆、苋菜、茄子、番茄等蔬菜。

1.田间诊断

成虫和若虫锉吸瓜类嫩梢、嫩叶、花和幼瓜的汁液，被害嫩叶、嫩梢变硬缩小，茸毛呈灰褐色或黑褐色，植株生长缓慢，节间缩短。幼瓜受害后也硬化，毛变黑，造成落瓜，严重影响产量和质量。近年已成为传播瓜类、茄果类番茄斑萎病毒病(TSWV)的重要媒介，造成病毒病流行成灾。

成虫：体长1毫米，金黄色，头近方形，复眼稍突出，单眼3只，红色，排成三角形。单眼间鬃位于单眼三角形连线外缘。触角7节。翅2对，周同有细长的缘毛，腹部扁长（图3-38）。卵：长0.2毫米，长椭圆形，淡黄色。

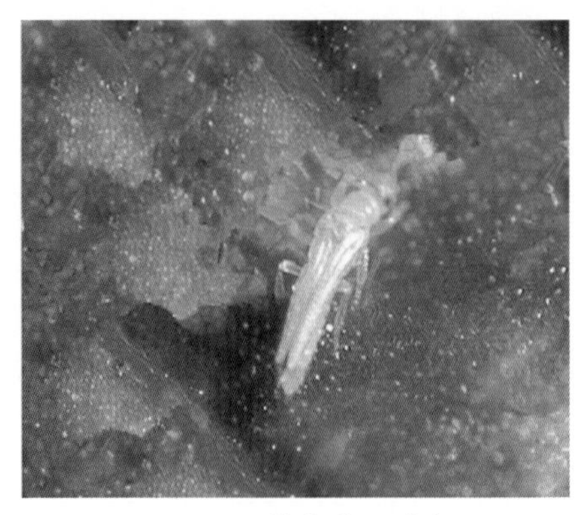
图3-38　棕榈蓟马成虫

若虫：黄白色，共3龄，复眼红色。

2.发生规律及习性

在广州年发生20代以上，终年繁殖。冬天在枸杞、菠菜、菜豆、茄、野节瓜、白花螃蜞菊上取食活动。成虫怕光，多在未张开的叶上或叶背活动。成虫能飞善跳，能借助气流作远距离迁飞。既能进行两性生殖，又能进行孤雌生殖。卵散产于植株的嫩头、嫩叶及幼果组织中。一至二龄若虫在寄主的幼嫩部位穿梭活动，活动十分活跃，锉吸汁液，躲在这些部位的背光面。三龄若虫不取食，行动缓慢，落到地上，钻到3～5厘米的土层中，四龄在土中化“蛹”。在平均气温23.2～30.9℃时，三至四龄所需时间3～4.5天。羽化后成虫飞到植株幼嫩部位为害。

3.预测预报

(1) *黄板诱成虫消长调查*。调查时间从4月上旬至11月下旬。选择有代表性的早、中、晚茬口的主栽品种各类型田2～3块。每

种类型田，在大棚设施内挂设诱虫黄板3～5片，诱虫黄板双面涂不干黏虫胶，每3天换新。每3天调查1次，在调查日早上调查黄板上黏捕蓟马的虫量，并调整挂板高度。

（2）田间虫情系统调查。调查时间从5月初至11月底。选择有代表性的主栽品种各类型田2块。采用对角线5点取样法，每5天调查1次，每点定株调查5株，共取样25株，调查有虫株率、平均单株虫量。蓟马较多时，每点可只取样查1株；重发生时每点可只取1株的上中下部3张叶片虫量，再按平均单叶虫量×株叶片数，推算株虫口密度。

（3）普查。调查时间从5月上旬至11月下旬。选择有代表性的主栽品种各类型田各2块，调查田块不少于10块。采用对角线5点取样法，每10天调查1次，每点20株，共取样100株，调查有虫株率。

4. 防治适期

防治适期为蓟马发生始盛期。

5. 防治措施

（1）农业防治。根据蓟马繁殖快、易成灾的特点，应注意预防为主，综合防治。如用营养土方育苗，适时栽植，避开为害高峰期。瓜苗出土后，用薄膜覆盖代替禾草覆盖，能大大降低虫口。清除田间附近野生茄科植物，也能减少虫源。

（2）生物防治。①南方提倡用小花蝽防治瓜蓟马。②中后期采用喷雾法：提倡选用6%烟碱·百部碱·印楝素水剂1 000倍液或0.5%印楝素杀虫乳油1 500倍液、2.5%鱼藤酮乳油500倍液、2.5%多杀霉素悬浮剂1 500倍液。

（3）化学防治。当每株虫口达3～5头时，提倡采用生长点浸泡法，即用99.1%敌死虫乳油 300倍液，置于小瓷盆等容器中，然后于晴天把瓜类蔬菜的生长点浸入药液中，即可杀灭蓟马，既省药又保护天敌。此外也可喷洒70%吡虫啉水分散粒剂10 000倍液，或25%噻虫嗪水分散粒剂6 000倍液、10%吡虫啉可湿性粉剂2 500倍液、或30%吡虫啉微乳剂每667米^{2}用6～8毫升，对水30

千克，或0.3%印楝素乳油800倍液、2.5%吡虫啉高渗乳油1 200倍液均有效。上述杀虫剂防效不高的地区，可选用25%吡·辛乳油1 500倍液、10%氯氰菊酯乳油2 000倍液。但要连用2～3次才能收到稳定明显的效果。

十三、黄蓟马

黄蓟马也叫瓜亮蓟马。分布于中国华南、华中、华东南部的各省。为害节瓜、黄瓜、苦瓜、西瓜、冬瓜等。

1. 田间诊断

以成、若虫锉吸植株的嫩梢、嫩叶、花和幼果的汁液，被害嫩叶、嫩梢变硬且小，茸毛呈灰褐色或黑褐色，植株生长缓慢，节间缩短，心叶不能展开。幼瓜受害后，茸毛变黑，表皮呈锈褐色，造成畸形，甚至落果，严重影响产量和质量（图3-39）。

图3-39　黄蓟马为害黄瓜叶片

成虫：体长1毫米，金黄色，头近方形，复眼稍突出，单眼3只，红色，排成三角形，单眼间的鬃位于单眼三角形连线的外缘，

触角7节，翅狭长，周缘具细长缘毛，腹部扁长（图3-40）。

卵：长约0.2毫米，长椭圆形，黄白色。

若虫：黄白色，三龄时复眼红色。

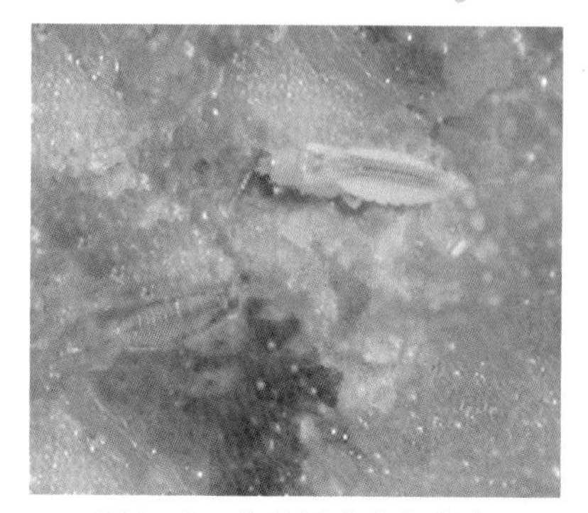

图3-40　黄蓟马成虫和若虫

2. 发生规律及习性

黄蓟马在南方1年可发生20代以上，多以成虫潜伏在土块、土缝下或枯枝落叶间越冬，少数以若虫越冬。越冬成虫在次年气温回升至12℃时开始活动，瓜苗出土后，即转至瓜苗上为害。在我国华北地区棚室蔬菜生产集中的地方，由于棚室保护地蔬菜生产和露地蔬菜生产衔接或交替，给黄蓟马创造了能在此终年繁殖的条件，在冬暖大棚瓜类或茄果类蔬菜越冬茬栽培中，可发生黄蓟马为害，但为害程度一般比秋茬和春茬轻。全年为害最严重的时期为5月中、下旬至6月中、下旬。初羽化的成虫具有向上、喜嫩绿的习性，且特别活跃，能飞善跳，爬动敏捷。白天阳光充足时，成虫多数隐藏于瓜苗的生长点及幼瓜的毛茸内。雌成虫具有孤雌生殖能力，每头雌虫产卵30～70粒。黄蓟马发育最适温度为25～30℃。土壤湿度与瓜亮蓟马的化蛹和羽化有密切的关系，土壤含水量8%～18%，化蛹和羽化率均较高。

3. 预测预报

方法同棕榈蓟马。

4. 防治适期

同棕榈蓟马防治适期。

5. 防治措施

（1）*农业防治*。春瓜注意及时清除杂草，以减少黄蓟马转移到春黄瓜上。注意调节黄瓜、节瓜等播种期，尽量避开蓟马发生高峰期，以减轻为害。

(2) 物理防治。提倡采用遮阳网、防虫网，可减轻受害。

(3) 生物防治。保护利用天敌如小花蝽、草蛉等。

(4) 药剂防治。在黄瓜现蕾和初花期，及时喷洒5%吡·丁乳油1 500倍液、2.5%多杀菌素悬浮剂1 000～1 500倍液、22%毒死蜱·吡虫啉乳油1 500倍液、0.3%印楝素乳油800倍液。每10～14天1次，连喷2～3次。喷药的重点是植株的上部，尤其是嫩叶背面和嫩茎。

十四、美洲斑潜蝇

美洲斑潜蝇在我国大多数省、直辖市均有分布，为害黄瓜、冬瓜、丝瓜、甜瓜、番茄、刀豆、豇豆、扁豆等。

1. 田间诊断

以幼虫取食叶片正面叶肉，形成先细后宽的蛇形弯曲或蛇形盘绕虫道（图3-41和图3-42），其内有交替排列整齐的黑色虫粪，老虫道后期呈棕色的干斑块区，一般1虫1道，1头老熟幼虫1天可潜食3厘米左右。成虫在叶片正面取食和产卵，刺伤叶片细胞，形成针尖大小的近圆形刺伤孔。孔初期呈浅绿色，后变白，肉眼可见。幼虫和成虫的为害可导致幼苗全株死亡，造成缺苗断垄；成株受害，可加速叶片脱落，引起果实日灼，造成减产。幼虫和成

图3-41　美洲斑潜蝇为害黄瓜

图3-42　美洲斑潜蝇为害南瓜叶片

虫通过取食还可传播病害，特别是传播某些病毒病，降低花卉观赏价值和叶菜类食用价值。

成虫：体形较小，头部黄色，眼后眶黑色；中胸背板黑色光亮，中胸侧板大部分黄色；足黄色。

幼虫：蛆状，初孵时半透明，后为鲜橙黄色。

2.发生规律及习性

广东1年可发生14～17代。上海地区年发生9～11代，保护地内可周年发生，世代重叠现象严重。世代周期随温度变化而变化。露地以蛹越冬，3月下旬到4月上中旬越冬蛹羽化，年内以春、秋两季多发，主要为害期在5～7月上旬、8月中旬至11月下旬。成虫具有趋光、趋绿和趋化性，对黄色趋性更强。有一定飞翔能力。成虫吸取植株叶片汁液；卵产于植物叶片叶肉中；初孵幼虫潜食叶肉，主要取食栅栏组织，并形成隧道，隧道端部略膨大；老龄幼虫咬破隧道的上表皮爬出道外化蛹。主要随寄主植物的叶片、茎蔓、甚至鲜切花的调运而传播。在适温范围内，天气干旱的条件利于发生，多台风暴雨的天气能自然控制虫口的发生量。

3.预测预报

（1）*越冬代成虫发生期调查*。调查时间为3月上旬至4月底。选取隔年秋季发生美洲斑潜蝇为害的区域。采用随机取样法，每2天调查1次，定点、定株20～30株（同点最多只选2～3株），调查美洲斑潜蝇潜叶虫道始见期，株平均潜叶虫道数。

（2）*春季田间虫情系统调查*。调查时间为4月中旬至6月底。选定植后15天以上的早中晚茬番茄类型田各2～3块，采取对角线5点取样法，每5天调查1次，每点定株5株，共取样25株，调查有虫株率、百叶产卵孔数、百叶虫道数。

（3）*夏季越夏田间虫情系统调查*。调查时间为7月初至8月中旬。选处于生长旺盛期的丝瓜2处，采用对角线5点取样法，每2天调查1次，每处放5只接蛹方白盘，调查丝瓜藤下美洲斑潜蝇化蛹（落蛹）密度与峰次。

(4) 秋季田间虫情系统调查。调查时间从8月中旬至11月底。选定植10天以上早中晚茬番茄类型田各2～3块，采用对角线5点取样法，每5天调查1次，每点定株5株，共取样25株，调查有虫株率、百叶产卵孔数、百叶虫道数。

(5) 普查。调查时间为春季5月上旬至6月中旬，秋季9月上旬至10月下旬。选取不同类型田地各2～3块，每次调查田块不少于10块。采用对角线5点取样法，每10天调查1次，每点20株，共取样100株，调查有虫株率。

4.防治适期

美洲斑潜蝇成虫羽化、产卵始盛期为防治适期。

5.防治措施

(1) 农业防治。实行美洲斑潜蝇喜食的瓜果、豆类等蔬菜与非喜食的十字花科、百合科等蔬菜合理轮作；适当稀植，增加田间通透性；生长期发现有虫叶及时摘除；勤中耕，增加灌水次数，消灭虫蛹；收获后及时清理田园，把被美洲斑潜蝇为害的作物残体集中深埋或烧毁。

(2) 物理防治。美洲斑潜蝇成虫对黄色具有趋性，可利用这一习性用黄板进行诱杀。

(3) 化学防治。美洲斑潜蝇世代短，繁殖力强，且抗药性发展快，药剂防治的关键是抓早，重点抓好苗期的防治，喷药时间最好在上午9:00～11:00。常用药剂：48%毒死蜱（乐斯本）乳油800～1 000倍液、25%斑潜净乳油1 500倍液、1.8%阿维菌素（爱福丁）乳油3 000倍液、40%醚菊酯（绿菜宝）乳油1 000倍液、5%顺式氰戊菊酯（来福灵）乳油3 000倍液等。

十五、烟粉虱

烟粉虱是世界上为害最大的入侵物种之一，其寄主范围十分广泛，可为害瓜类、茄果类、豆类及十字花科类等数十种蔬菜。

1. 田间诊断

低龄若虫常取食叶片汁液。为害初期，植株叶片出现白色小点，沿叶脉变为银白色，后发展至全叶呈银白色，光合作用受阻。严重时，全株除心叶外，多数叶片布满银白色膜，导致植株生长减缓，叶片变薄，叶脉、叶柄变白发亮，呈半透明状；幼瓜、幼果受害后变硬，严重时脱落，植株矮缩。多在叶背及瓜果毛丛中取食，卵散产于叶背面。还可传播多种病毒病。

成虫：体淡黄白色，体长0.85～0.91毫米，翅白色，披蜡粉，无斑点，静止时左右翅合拢呈屋脊状（图3-43）。

图3-43　烟粉虱成虫

卵：长梨形，有小柄，与叶面垂直，大多散产于叶片背面，初产时淡黄绿色，孵化前颜色加深，呈深褐色。

若虫：共3龄，淡绿至黄色。

2. 发生规律及习性

年发生的世代数因地而异，在热带和亚热带地区每年发生11～15代，在温带地区露地每年可发生4～6代。田间发生世代重叠极为严重。烟粉虱成虫羽化后嗜好在中上部成熟叶片上产卵，而在原为害叶上产卵很少。卵不规则散产，多产在背面。每头雌虫可产卵30～300粒，在适合的植物上平均产卵200粒以上。产卵能力与温度、寄主植物、地理种群密切相关。5月上旬部分迁入烟田，温、湿度适宜，烟粉虱即对烟草造成严重为害。秋季又回到蔬菜及杂草上为害。成虫喜在等断嫩叶上为害，卵产在叶背。夏秋干旱少雨有利于烟粉虱的发生与为害。

3. 预测预报

（1）*黄板诱成虫消长调查*。调查时间从4月上旬至11月下旬。选择有代表性的早、中、晚茬口的主栽品种大棚设施内挂设诱虫板3～5片。板呈直线型排列，间距5米。诱虫黄板双面涂不干粘虫胶，每3天换新。每3天调查1次，在调查日早上调查消点黄板上黏捕烟粉虱的虫量，并调整挂卡高度。

（2）*田间虫情系统调查*。调查时间从5月初至11月底。选择有代表性的主栽品种各类型田2～3块。采用对角线5点取样法，每5天调查1次（清晨露水未干时进行），每点定株调查5株，共取样25株，调查有虫株率、平均单株虫量。烟粉虱较多时，每点可只取样查1株；重发生时每点可只取1株的上中下部3张叶片虫量，再按平均单叶虫量×株叶片数，推算株虫口密度。

（3）*普查*。调查时间从5月上旬至11月下旬。选择有代表性的主栽品种各类型田各2块，调查田块不少于10块。采用对角线5点取样法，每10天调查1次，每点20株，共取样100株，调查有虫株率。

4. 防治适期

烟粉虱发生始盛期。

5. 防治措施

（1）*农业防治*。减少越冬虫源，保护地蔬菜育苗前熏蒸温室，以减少虫口基数，在温室通风口加一层尼龙纱，阻断外来虫源。温室、大棚附近避免栽植黄瓜、西红柿、茄子、棉花等烟粉虱喜食作物，以减少虫源；清除衰枝老叶，烟粉虱高龄若虫多分布在下部叶片，黄瓜及茄果类整枝时，适当摘除部分老叶，深埋或烧毁以减少种群数量；清除田园杂草，减少烟粉虱的田外寄主。

（2）*物理防治*。利用烟粉虱对黄色有强烈趋性，在棚室内设

置黄板诱杀成虫（每667米^{2}用10厘米×20厘米的黄色板8～10块）。于烟粉虱发生初期（尤其在大棚揭膜前），将黄板涂上机油黏剂（一般7天重涂1次），均匀悬挂在作物上方，黄板底部与植株顶端相平或略高些。

(3) 生物防治。可人工繁殖释放丽蚜小蜂，在温室第二茬的番茄上，当粉虱成虫在0.5头/株以下时，每隔两周放1次，共3次释放丽蚜小蜂，寄生蜂可在温室内建立种群并能有效地控制烟粉虱的为害。

(4) 化学防治。在冬季防治时必须以日光温室为重点，在春夏防治时以日光温室附近的田块为重点，统一连片用药，以达到事半功倍的效果。防治烟粉虱必须掌握4个技术关键：①治早治小，在烟粉虱种群密度较低虫龄较小的早期防治至关重要，一龄烟粉虱若虫蜡质薄，不能爬行，接触农药的机会多，抗药性差，易防治。②集中连片统一用药，烟粉虱食性杂，寄主多，迁移性强，流动性大，只有全生态环境尤其是田外杂草统一用药，才能控制其繁殖为害。③关键时段全程药控。烟粉虱繁殖率高，生活周期短，群体数量大，世代重叠严重，卵、若虫、成虫多种虫态长期并存，在7～9月烟粉虱繁殖的高峰期必须进行全程药控，才能控制其繁衍为害。不同药剂要交替轮换使用，以延缓抗性的产生。④选准药剂、交替使用。可用25%噻嗪酮乳油1 000～1 500倍液、10%吡虫啉可湿性粉剂1 000倍液、1.8%阿维菌素乳油2 000倍液，用弥雾机或手动喷雾器对准植株背面喷雾，喷匀喷透，同时要做到轮换用药、以延缓抗药性的产生。

十六、瓜实蝇

瓜实蝇又称黄瓜实蝇、瓜小实蝇、瓜大实蝇、瓜蛆。为害苦瓜、丝瓜、黄瓜等葫芦科作物。分布于江苏、福建、海南、广东、广西、贵州、云南、四川、湖南、台湾等地。

1. 田间诊断

成虫以产卵管刺入幼瓜表皮内产卵，幼虫孵化后即钻进瓜内取食，受害瓜先局部变黄，之后全瓜腐烂变臭，大量落瓜，即使不腐烂，刺伤处凝结着流胶，畸形下陷，果皮硬实，瓜味苦涩，品质下降。卵孵出幼虫蛀食果肉，先致瓜局部变黄，终致全果腐烂、脱落。

图3-44　瓜实蝇成虫

成虫：黄褐色，额狭窄，两侧平行。翅前缘带于端部扩延成1个宽椭圆形大斑，约占据R5室宽度的2/3。前胸左右及中、后胸有黄色的纵带纹。翅膜质透明，杂有暗黑色斑纹。腿节具有一个不完全的棕色环纹。腹部第1、2节背板全为淡黄色或是棕色，无黑斑带，第3节基部有1黑色狭带，第4节起有黑色纵带纹（图3-44）。

幼虫：老熟幼虫乳白色，蛆状，口钩黑色。

2. 发生规律及习性

在广州1年发生8代，世代重叠。以成虫在杂草、蕉树越冬。次年4月开始活动，以5～6月为害重。成虫白天活动，夏天中午高温烈日时，静伏于瓜棚或叶背，对糖、酒、醋及芳香物质有趋性。雌虫产卵于嫩瓜内，每次产几粒至10余粒，每雌可产数十粒至百余粒，幼虫孵化后即在瓜内取食，将瓜蛀食成蜂窝状，以致腐烂、脱落。老熟幼虫在瓜落前或瓜落后弹跳落地，钻入表土层化蛹。

3. 防治措施

（1）农业防治。加强巡查，及时清除虫害瓜和收集落地瓜深

埋或烧毁，有助于减少虫源。在常发严重为害地区或名贵瓜果品种，可采用套袋护瓜办法（瓜果刚谢花、花瓣萎缩时进行）以防成虫产卵为害。

（2）化学防治。①毒饵防治：利用成虫对糖醋等芳香气味有明显趋性的习性，于成虫盛发期配制毒饵诱杀成虫。毒饵配制为：香蕉皮或菠萝皮（或南瓜、番薯煮熟经发酵作代用品）：农药（如敌百虫等）：食用香精：糖=40 ：0.5 ：1 ：1，加适量水调成糊状即成。把毒饵装入容器内设点(300点／公顷、20～30克／点)挂放在瓜豆棚架合适的高度上，早上7：00左右挂放效果较好。②喷药：利用成虫在午间高温时段多栖息在瓜棚下和早晚活动交尾产卵的习性，在成虫盛发期，于中午烈日当空或傍晚天黑前喷药毒杀成虫。药剂可选50%杀螟丹可溶性粉剂2 000倍液、20%氰戊菊酯（20%杀灭菊酯）乳油3 000倍液、25%溴氰菊酯乳油3 000倍液、21%灭杀毙乳油6 000倍液、50%马拉硫磷或50%敌敌畏可湿性粉剂1 000倍液，3～5天1次，连喷2～3次。③利用蘸有实蝇性诱剂和马拉硫磷农药混合物的棉芯置于诱捕器内，诱杀雄虫和监测虫情。

十七、温室白粉虱

温室白粉虱又称小白蛾子。蔬菜保护地栽培中为害日益严重，其中受害较重的蔬菜有黄瓜、番茄、茄子等，各地均有发生。

1. 田间诊断

以成虫、若虫吸食植物的汁液，被害叶片褪绿、变黄、萎蔫（图3-45）。该虫群聚为害，种群数量庞大，并分泌大量蜜液，可导致煤污病的发生。

成虫：体长1～1.5毫米，淡黄色。翅面覆盖白蜡粉，停息时双翅在体上合成屋脊状如蛾类，翅端半圆状遮住整个腹部，翅脉简单，沿翅外缘有1排小颗粒。

卵：长约0.2毫米，长椭圆形，基部有卵柄，淡绿色变褐色，

图3-45 温室白粉虱为害黄瓜叶片

覆有蜡粉。

若虫：体长0.3～0.5毫米，长椭圆形，淡绿色或黄绿色，足和触角退化，紧贴在叶片上（图3-46）。

图3-46 温室白粉虱成虫和若虫

2. 发生规律及习性

在北方，在温室1年可发生10余代，冬季在室外不能存活，是以各虫态在温室越冬并继续为害。成虫羽化后1～3天可交配产卵，平均每雌产142.5粒。可孤雌生殖，后代为雄性。成虫有趋嫩性，总是随着植株的生长顶部嫩叶产卵，因此，白粉虱在作物上自上而下的分布为：新产的绿卵、变黑的卵、初龄若虫、老龄若虫、伪蛹、新羽化成虫。白粉虱以卵柄从气孔插入叶片组织中，与寄主植物保持水分平衡，不易脱落。若虫卵孵化后3天内在叶背可做短距离游走，当口器插入叶组织后就失去了爬行的机能，开始营固着生活。繁殖适温为18～21℃，在温室条件下，约1个月完成1代。冬季温室作物上的白粉虱，是露地春季蔬菜上的虫源。由于温室和露地蔬菜生产紧密衔接和相互交替，可使白粉虱周年发生。

3. 防治措施

(1) 农业防治。①提倡在温室种植白粉虱不喜欢到食的芹菜等耐低温的作物，减少黄瓜、番茄的种植面积。②培育“无虫苗”把苗房和生产温室分开，育苗前熏杀残余虫口，清理杂草和残株，在通风口密封，控制外来虫源。③避免黄瓜与番茄、菜豆混栽，温室、大棚附近避免栽白粉虱发生严重的蔬菜，以减少虫源。

(2) 物理防治。白粉虱对黄色敏感，有强烈趋性，可在温室内设置黄板诱杀成虫。方法是：用油漆涂为黄色，再涂上一层黏油，每亩设置32～34块，行间可与植株高度相同。7～10天重涂1次，以提高防治效果。

(3) 生物防治。可人工繁殖释放丽蚜小蜂，在温室第二茬番茄上，当粉虱成虫在0.5头/株以下时，每隔两周放1次，共3次释放丽蚜小蜂，寄生蜂可在温室内建立种群并能有效地控制白粉虱为害。

(4) 化学防治。由于粉虱世代重叠，在同一时间同一作物上存在各虫态，必须连续用药。10%噻嗪酮乳油（扑虱灵）1 000倍液、

25%灭螨猛乳油1 000倍液、2.5%联苯菊酯乳油（天王星）3 000倍液，连续施用，对粉虱成虫，卵和若虫均有较好效果。

十八、瓜褐蝽

瓜褐蝽又称九香虫、黑兜虫、臭屁虫。为害节瓜、冬瓜、南瓜、丝瓜等。国内分布大致以淮河为北限。

1.田间诊断

成、若虫小群栖集在瓜藤、卷须、腋芽和叶柄上吸食汁液（图3-47），造成瓜藤、卷须枯黄、凋萎，对植株生长发育影响很大。

图3-47　瓜褐蝽为害黄瓜

成虫：体长16.5～19毫米，宽9～10.5毫米，长卵形，紫黑或黑褐色，稍有铜色光泽，密布刻点，头部边缘略上翘，侧叶长于中叶，并在中叶前方汇合，触角5节，基部4节黑色，第五节橘黄至黄色，第二节比第三节长。前胸背板及小盾片上有近于平

行的不规则横皱。侧接缘及腹部腹面侧缘区各节黄黑相间，但黄色部常狭于黑色部分。足紫黑或黑褐色。雄虫后足胫节内侧无卵形凹，腹面无“十”字沟缝，末端较钝圆（图3-48）。

图3-48　瓜褐蝽成虫

若虫：共5龄。五龄若虫体长11～14.5毫米。翅芽伸过腹部背面第三节前半部，小盾片显现，腹部第四、五、六节各具1对臭腺孔。

2. 发生规律及习性

在河南省信阳以南、江西以北1年发生1代，广东、广西年发生3代。以成虫在土块、石块下或杂草、枯枝落叶下越冬。发生1代的地区4月下旬至5月中旬开始活动，随之迁飞到瓜类幼苗上为害，尤以5、6月间为害最盛。6月中旬至8月上旬产卵，卵串产于瓜叶背面，每雌产卵50～100粒。6月底至8月中旬幼虫孵化，8月中旬至10月上旬羽化，10月下旬越冬。发生3代的地区，3月底越冬成虫开始活动。第一代多在5～6月，第二代7～9月，第三代多发生在9月底，11月中成虫越冬。成、若虫常几头或几十头集中在瓜藤基部、卷须、腋芽和叶柄上为害，初龄若虫喜欢在瓜蔓裂处取食为害。成、若虫白天活动，遇到惊吓坠地，有假死性。

3. 防治措施

（1）物理防治。利用瓜褐蝽趋尿味的习性，于傍晚把用尿浸泡过的稻草，插在瓜地里，每667米^{2}插6～7束，成虫闻到尿味就会集中在草把上，第二天早晨集中草把深埋或烧毁。

（2）化学防治。必要时喷洒75%乙酰甲胺磷可溶性粉剂800倍液或25%杀虫双水剂400倍液、2.5%溴氰菊酯乳油2 000～2 500倍液、10%醚菊酯悬浮剂1 000倍液、10%吡虫啉可湿性粉剂1 000～1 500倍液。使用溴氰菊酯的采收前3天停止用药。

十九、红脊长蝽

红脊长蝽又叫黑斑红长蝽，为害瓜类、油菜、白菜等作物。各地均有发生。

1.田间诊断

红脊长蝽以成虫和若虫群集于嫩茎、嫩瓜、嫩叶等部位，刺吸汁液，刺吸处呈褐色斑点，严重时导致枯萎。

成虫：体长8～11毫米，宽3～4.5毫米。身体呈长椭圆形。躯体赤黄色至红色，具黑地纹，密被白色毛。头、触角和足均为黑色。前胸背板有刻点，中部橘黄色，后纵两侧各有1个近方形的大黑斑。小盾片三角形，黑色，前翅爪片除基部和端部为橘红色外，基本上全为黑色；半鞘翅膜质部黑色，基部近小盾片末端有1白斑（图3-49）。

图3-49　红脊长蝽成虫

若虫：共5龄。一龄若虫体长约1毫米，被有白或褐色长绒毛，头、胸和触角紫褐色，足黄褐色，前胸背板中央有1条橘红色纵纹；腹部红色，腹背有1个深红斑，腹末黑色；二龄若虫体长约

2毫米，被有黑褐色刚毛，体黑褐色，但中胸背板纵脊、后胸、腹侧缘及第一、二腹节橘红色，腹部腹面橘红色，中央有1个大黑斑；三龄若虫体长3.7～3.8毫米，触角紫黑，节间淡红；前翅芽达第1腹节中央；四龄若虫体长约5毫米，前翅背板后部中央有1个突起，其两侧为漆黑色，翅芽漆黑，达第4腹节中部，腹部最后5节的腹板呈黄黑相间的横纹。

2. 发生规律及习性

该虫1年发生2代，以成虫在寄主附近的树洞或枯叶、石块和土块下面的穴洞中结团过冬。次年4月间开始活动。成虫和若虫均能取食为害。翌春4月中旬开始活动，5月上旬交尾。第一代若虫于5月底至6月中旬孵出，7～8月羽化产卵。第二代若虫于8月上旬至9月中旬孵出，9月中旬至11月中旬羽化，11月上中旬进入越冬。成虫怕强光，以10:00前和17:00后取食较盛。卵成堆产于土缝里、石块下或根际附近土表，一般每堆30余枚，最多达200～300枚。

3. 防治措施

（1）农业防治。冬耕和清理菜地，可消灭部分越冬成虫，发现卵块时可人工摘除。

（2）化学防治。于成虫盛发期和若虫分散为害之前进行药剂防治，可喷洒90%晶体敌百虫800倍液或50%辛硫磷乳油1 000倍液、2.5%高效氯氰菊酯乳油2 500倍液、10%高效氯氰菊酯乳油3 000倍液、25%毒死蜱·氯氰菊酯乳油1 500倍液，每667米^{2}喷对好的药液70千克。

附录　蔬菜病虫害防治安全用药工作表

（中国农业科学院蔬菜花卉研究所）

防治对象	药剂名称	剂　型	施用方式	施药倍数	间隔期（天）
猝倒病	霜霉威	72.2%水剂(重量/容量)	苗床浇灌	700倍	3（黄瓜）
	噁霉灵	15%水剂	拌土	1．5~1.8克/平方米	1（黄瓜）
立枯病	噁霉灵	30%水剂	苗床喷淋结合灌根	1 500~2 000倍	1（黄瓜）
猝倒病和立枯病	福·甲霜	38%可湿性粉剂	苗床浇洒	600倍	
	噁霉·甲霜	30%水剂	灌根	2 000倍	
疫病（包括根腐型疫病）	烯酰吗啉	50%可湿性粉剂	植株喷淋结合灌根	1 500倍	1（黄瓜）
	霜脲氰	50%可湿性粉剂	植株喷淋结合灌根	2 000倍	14
	烯肟菌酯	25%乳油	植株喷淋结合灌根	2 000倍	
	霜霉威	72.2%水剂	植株喷淋结合灌根	800倍	5（番茄） 3（黄瓜）
灰霉病	甲硫·霉威	65%可湿性粉剂	喷雾	700倍	
	腐霉利	50%可湿性粉剂	喷雾	1 000倍	1
	乙烯菌核利	50%干悬浮剂	喷雾	800倍	4
	木霉菌	2亿活孢子/克可湿性粉剂	喷雾	500倍	7

（续）

防治对象	药剂名称	剂 型	施用方式	施药倍数	间隔期（天）
白粉病	氟硅唑	40%乳油	喷雾	8 000倍	2
	苯醚甲环唑	10%水分散粒剂	喷雾	900～1 500倍	7～10
	腈菌唑	12.5%乳油	喷雾	2 500倍	
	醚菌酯	50%水分散粒剂	喷雾	4 000倍	1
	吡唑醚菌酯	25%乳油（重量/容量）	喷雾	2 500倍	1（黄瓜）
	烯肟菌胺	5%乳油	喷雾	1 000倍	
炭疽病	咪鲜胺	50%可湿性粉剂	喷雾	1 500倍	10（黄瓜为1天）
	百菌清	75%可湿性粉剂	喷雾	500倍	7
	嘧菌酯	25%悬浮剂	喷雾	2 000倍	3
	异菌脲	50%可湿性粉剂	喷雾	600倍	7
叶斑病	苯醚甲环唑	10%水分散粒剂	喷雾	1 000倍	7～10
	嘧菌酯	25%悬浮剂	喷雾	2 000倍	3
	百菌清	75%可湿性粉剂	喷雾	600倍	7
病毒病	宁南霉素	10%可溶性粉剂	喷雾	1 000倍	5
	氨基寡糖素	2%水剂	喷雾	300～450倍	7～10
	菌毒清	5%水剂	喷雾	250～300倍	7
	三氮唑核苷	3%水剂	喷雾	900～1 200倍	7～15

（续）

防治对象	药剂名称	剂　型	施用方式	施药倍数	间隔期（天）
辣椒疮痂病	中生菌素	3%可湿性粉剂	喷雾	600倍	3
黄瓜霜霉病	烯酰吗啉	50%可湿性粉剂	喷雾	1 500倍	1
	霜脲氰	50%可湿性粉剂	喷雾	2 000倍	1
	烯肟菌酯	25%乳油	喷雾	2 000倍	
	霜霉威	72.2%水剂	喷雾	800倍	3
黄瓜黑星病	腈菌唑	12.5%乳油	喷雾	2 500倍	
	氟硅唑	40%乳油	喷雾	8 000倍	1
	嘧菌酯	25%悬浮剂	喷雾	1 000倍	3
黄瓜蔓枯病	百菌清	75%可湿性粉剂	喷雾	600倍	1
	嘧菌酯	25%悬浮剂	喷雾	1 000倍	3
黄瓜枯萎病	福美双	50%可湿性粉剂	灌根	600倍	7
	甲基硫菌灵	70%可湿性粉剂	灌根	600倍	1
	春雷霉素	2%可湿性粉剂	灌根	100倍	1
黄瓜细菌性角斑病	中生菌素	3%可湿性粉剂	喷雾	600倍	3
瓜类细菌性茎软腐病	中生菌素	3%可湿性粉剂	喷雾、喷淋茎	600倍	3
茄子黄萎病	福美双	50%可湿性粉剂	灌根	600倍	7

（续）

防治对象	药剂名称	剂　型	施用方式	施药倍数	间隔期（天）
茄子黄萎病	甲基硫菌灵	70%可湿性粉剂	灌根	600倍	14
茄子绵疫病	烯酰吗啉	50%可湿性粉剂	喷雾	1 500倍	
	霜脲氰	50%可湿性粉剂	喷雾	2 000倍	14
	烯肟菌酯	25%乳油	喷雾	2 000倍	
	霜霉威	72.2%水剂(重量/容量)	喷雾	800倍	5
茄子细菌性软腐病	中生菌素	3%可湿性粉剂	喷雾	600倍	3
番茄叶斑病	咪鲜胺	50%可湿性粉剂	喷雾	1 500倍	10
番茄叶霉病	腈菌唑	12.5%乳油	喷雾	2 500倍	
	氟硅唑	40%乳油	喷雾	8 000倍	2
	甲基硫菌灵	70%可湿性粉剂	喷雾	1 500～2 000倍	5
	春雷霉素	2%水剂	喷雾	400～500倍	1
番茄早疫病	异菌脲	50%可湿性粉剂	喷雾	600倍	7
	苯醚甲环唑	10%水分散粒剂	喷雾	1 000倍	7～10
	嘧菌酯	25%悬浮剂	喷雾	2 000倍	3
番茄、茄子根腐病	烯酰吗啉	50%可湿性粉剂	喷雾	1 500倍	
	福美双	50%可湿性粉剂	灌根	600倍	7

（续）

防治对象	药剂名称	剂　型	施用方式	施药倍数	间隔期（天）
番茄细菌性溃疡病或髓部坏死	中生菌素	3%可湿性粉剂	喷雾	600倍	3
番茄青枯病	中生菌素	3%可湿性粉剂	灌根	600～800倍	3
	多粘类芽孢杆菌	0.1亿cfu/克细粒剂	灌根	300倍	
	叶枯唑（艳丽）	20%可湿性粉剂	灌根	1 500～2 000倍	
	荧光假单胞杆菌	10亿/毫升水剂	灌根	80～100倍	
根结线虫	氰氨化钙	50%颗粒剂	土壤消毒	100千克/亩	
	丁硫克百威	5%颗粒剂	沟施	5～7千克/亩	25
	棉隆（必速灭）	98%颗粒剂	土壤处理	30～40克/米^2	
	威百亩	35%水剂	沟施	4～6千克/亩	
	淡紫拟青霉	5亿活孢子/克颗粒剂	沟施或穴施	2.5～3千克/亩	
	噻唑膦	10%颗粒剂	土壤撒施	1.5～2千克/亩	
	硫线磷（克线丹）	5%颗粒剂	拌土撒施	8～10千克/亩	
蚜虫	吡虫啉	10%可湿性粉剂	喷雾	2 000倍	7（黄瓜为1天）
	啶虫脒	3%乳油	喷雾	1 500倍	7（黄瓜为1天）

（续）

防治对象	药剂名称	剂　型	施用方式	施药倍数	间隔期（天）
蚜虫	顺式氯氰菊酯	5%乳油	喷雾	5 000～8 000倍	3
	氯噻啉	10%可湿性粉剂	喷雾	4 000～7 000倍	
	高效氯氟氰菊酯	2.5%可湿性粉剂	喷雾	1 500～2 000倍	7
白粉虱	吡虫啉	10%可湿性粉剂	喷雾	2 000倍	7（黄瓜为1天）
	啶虫脒	3%乳油	喷雾	1 500倍	7（黄瓜为1天）
	吡·丁硫	20%乳油	喷雾	1 200～2 500倍	
	吡丙醚(蚊蝇醚)	10.8%乳油	喷雾	800～1 500倍	
	高效氯氟氰菊酯	2.5%乳油	喷雾	2 000倍	7
	联苯菊酯	3%水乳剂	喷雾	1 500～2 000倍	4
潜叶蝇	灭蝇胺	10%悬浮剂	喷雾	800倍	7
	顺式氯氰菊酯	5%乳油	喷雾	5 000～8 000倍	3
	灭蝇·杀单	20%可溶性粉剂	喷雾	1 000～1 500倍	
蓟马	多杀菌素	2.5%乳油	喷雾	1 000倍	1
	吡虫啉	10%可湿性粉剂	喷雾	2 000倍	7（黄瓜为1天）
	丁硫克百威	20%乳油	喷雾	600～1 000倍	15
	丁硫·杀单	5%颗粒剂	撒施	1.8～2.5千克/亩	

（续）

防治对象	药剂名称	剂 型	施用方式	施药倍数	间隔期（天）
螨	克螨特（炔螨特）	73%乳油	喷雾	2 000倍	7
	浏阳霉素	10%乳油	喷雾	2 000倍	7
	噻螨酮	5%乳油	喷雾	1 500倍	30
	哒螨灵	15%乳油	喷雾	2 000～3 000倍	10（黄瓜为1天）

参考文献

白玉宝, 2014. 蔬菜病虫害绿色防控技术[J]. 长江蔬菜(13):50-53.

杜开书, 2014. 瓜类蔬菜病虫害防治问答[M]. 北京: 中国农业出版社.

韩春晓, 杨颖玲, 2013. 瓜类蔬菜常见病害的综合防治措施[J]. 吉林蔬菜(1): 42.

李宝聚, 2014. 蔬菜病害诊断手记[M]. 北京: 中国农业出版社.

李惠明, 2006. 蔬菜病虫害预测预报调查规范[M]. 上海: 上海科技出版社.

廖红峰, 李向红, 曾繁荣, 等, 2009. 瓜类蔬菜常见病害的识别与诊断[J]. 现代园艺(2): 28-29.

吕培娟, 王春燕, 2012. 龙口市蔬菜病虫害绿色防控技术[J]. 科技致富向导(11):338-339.

吕佩珂, 李明远, 吴钜文, 等, 1992. 中国蔬菜病虫原色图谱[M]. 北京: 中国农业出版社.

全国农业技术服务推广中心, 2006. 农作物有害生物测报技术手册[M]. 北京: 中国农业出版社.

肖敏, 赵志祥, 吉训聪, 等, 2013. 为害瓜类蔬菜果实主要病害及防治技术[J]. 农业开发与装备(5): 97-99.

郑琳洁, 2015. 蔬菜病虫害绿色防控技术[J]. 农业与技术, 35(22):41.

图书在版编目（CIP）数据

彩图版瓜类蔬菜病虫害绿色防控／王颖，曹进军，杜开书，李杰，吕文彦主编．—北京：中国农业出版社，2017.8（2020.3重印）
（听专家田间讲课）
ISBN 978-7-109-22922-8

Ⅰ.①彩… Ⅱ.①王…②曹…③杜…④李…⑤吕… Ⅲ.①瓜类蔬菜－病虫害防治－图谱 Ⅳ.①S436.42-64

中国版本图书馆CIP数据核字（2017）第098228号

中国农业出版社出版
（北京市朝阳区麦子店街18号楼）
（邮政编码 100125）
责任编辑 郭晨茜

中农印务有限公司印刷 新华书店北京发行所发行
2017年8月第1版 2020年3月北京第2次印刷

开本：880 mm × 1230 mm 1/32 印张：4.375
字数：100千字
定价：28.00元